2015 年教育部人文社科一般项目"苏珊·桑塔格美学思想研究"
（15YJC752030）阶段性成果
盐城师范学院文学院重点出版项目基金资助

苏珊·桑塔格美学思想研究

唐蕾　著

南开大学出版社

天　津

图书在版编目(CIP)数据

苏珊·桑塔格美学思想研究 / 唐蕾著. —天津：
南开大学出版社，2023.1(2023.9 重印)
ISBN 978-7-310-06305-5

Ⅰ.①苏… Ⅱ.①唐… Ⅲ.①苏珊·桑塔格(1933—
2004)—美学思想—研究 Ⅳ.①B83—097.12

中国版本图书馆 CIP 数据核字(2022)第 187645 号

苏珊·桑塔格美学思想研究
SUSHAN ·SANGTAGE MEIXUE SIXIANG YANJIU

南开大学出版社出版发行
出版人：陈　敬
地址：天津市南开区卫津路 94 号　　邮政编码：300071
营销部电话：(022)23508339　营销部传真：(022)23508542
https://nkup.nankai.edu.cn

河北文曲印刷有限公司印刷　全国各地新华书店经销
2023 年 1 月第 1 版　2023 年 9 月第 2 次印刷
230×155 毫米　16 开本　14.75 印张　2 插页　177 千字
定价：78.00 元

如遇图书印装质量问题,请与本社营销部联系调换,电话：(022)23508339

前　言

　　在桑塔格已被高频阐释的今天，为何还要撰写这样一本书？这一问题要回答起来颇费时间，最初有可能出自对她的困惑与好奇。初读安吉拉·默克罗比的《后现代主义与大众文化》时，田晓菲的译者前言让笔者对桑塔格的文学热情颇感兴趣；在第 2 章"文化理论领域里的关键人物"中，默克罗比用个性鲜明的语言阐述了桑塔格的"现代主义风格"，语言棱角分明。随后，笔者对作者辛辣的提问做了 12 处问号和 1 处感叹号标记，至此，对于桑塔格创作的探索之旅从回答疑问开启。

　　另外，桑塔格是位深耕于文学关系的作家。一个创作体量大、目光敏锐、洞察前沿和深耕经典的作家是不难被发现的。如果他还长于联结，热衷于提炼文学关键词，熟练地跨越于多学科知识之间，且以媒介人身份自居，那么这样的作家是稀缺的。桑塔格就是这样一位写作者。她的文章几乎打捞了欧洲和美国所有知名和无名的智识之士，因此，具有不及备载式的文学大辞典式风格。20 世纪后半叶之后，她被人们看到，和托马斯·曼、福柯、罗兰·巴特、本雅明齐名，传送了半个多世纪的学术影响力。她海量的阅读和笔记、过人的写作精力以及独特的审美，汇集成兼有目录式、现代文抄公式和艺术性的札记式文本。人们可以借助桑塔格的札记和评介，延伸对欧洲前沿和经典文学的了解。她是联结现代和古典戏剧、欧洲和美国、艺术和医学、现代哲学和广告艺术以及热闹与冷僻的媒介者。与托马斯·曼浩瀚的鸿篇巨制之作相区别的是，桑塔格长于目录、清单、札记和关键词式写作。她将所有她认为不该回避的名字和现象呈现在她的创作框架里，大大拓宽了文学的边界。

当然，人们可以专注于研究桑塔格一部电影或者一部小说，但其学术关系史、延展身份对桑塔格研究同样重要。因此，桑塔格与齐奥兰、桑塔格与托马斯·曼、桑塔格与罗兰·巴特、桑塔格与皮兰德娄等比较研究就显得具体而有联结性了。她在《在土星的标志下》《反对阐释》等文集里也清晰地解释了她和文学以及批评家们的种种相遇。

串联式写作风格是桑塔格的美学范式。无论是她的剧本，抑或是她的批评文章，旨在带领人们一路飞奔。《床上的爱丽斯》将现实中的诗人狄金森、社会活动家玛格丽特·福勒、虚拟人物昆德丽、爱丽斯和迷尔达统统"召集"而来，在小小的病房里上演一台人生大戏，堪称快意，这部戏以迅雷不及掩耳之势回应了批评家对她回避女性身份的质疑。这部戏串联起早于桑塔格时代的玛丽·麦卡锡、汉娜·阿伦特和贝蒂·弗里丹等，她们都有着似曾相识的"无名的问题"[①]。然而，桑塔格并不缠绕于"她们"的话题，认为女性生活和其他生活一样重要、一样平等，没有哪个更重，哪个更好。书写女性的困境和表现现代嬉皮士的生活都同样必要，这体现了一位优秀作家在经历长期训练之后的游刃有余。布鲁尼在《但丁传》里评价中世纪的这位奇才，认为他属于第二类诗人，即"通过知识、学习、训练、艺术和预先的思索进行诗歌创作的"诗人，但丁坚信"这一连串疲累的学习，使他具备了在诗里进行刻画和描绘的知识"。[②]桑塔格的写作和但丁的一

---

① 麦卡锡. 她们[M]. 叶红婷，译. 重庆：重庆出版社，2016：2.
② 薄伽丘，布鲁尼. 但丁传[M]. 周施廷，译. 桂林：广西师范大学出版社，2008：113.

样，是刻意训练的结果，也是欧洲智识传统的再现。她花费毕生心血积攒的私人图书馆、日积月累的读书笔记和艰难路径的刻意选择，会让人联想到威廉·迈斯特的"学徒训练"——一种吃力而不讨好但能够见社会、见自己的习得方式。

流亡情结是深埋在桑塔格作品中的冷色线条。《中国旅行计划》里，记录了桑塔格少年时期"朝圣"的经历，描述了她拜访流亡作家托马斯·曼的故事。当然，这个故事一直被视为半虚构的。而随着桑塔格对齐奥兰、丹尼洛·契斯和亚当·扎加耶夫斯基等流亡作家的关注，使得其文字披上一层"游牧"的外衣。桑塔格认同精神的故乡在欧洲，她追随波兰的艺术和历史。她的流亡情结在小说《在美国》里以玛琳娜的故事作为载体进行反向表达。旅行、流亡和精神游牧是桑塔格创作的主线，正如她在《悲怆的心灵》一文中所写到的，"叙述者自己的四海游历和记忆中的生活片断，它们完全打破了原有的时空界限而随意排列组合起来"[①]。桑塔格沉醉于一种"强烈的苍凉感"，而只有漫游、孤独的境遇和丰富的流动才能让人从日常状态中脱离出来，沉浸于一种无人问津的宁静。除却流亡身份的无根感，严肃性和历史感是桑塔格追求的创作方向，她会刻意选择一个特殊的历史时刻或改写某一重大话题，沉浸于一种看似"离经叛道"和无人喝彩的孤独。因此，其创作的主人公往往是一个沉默寡言的收藏家或饱经风霜的旅客。这一选择也可以理解为"艰难的选择""受难的选择"和严肃的选择，被桑塔格视为更高贵、更凝重的艺术道路。

人们在不同的路径上与桑塔格"相遇"。关于桑塔格，文学界有热烈的回应和讨论，王秋海、郝桂莲、柯英、王予霞、张莉、朱红梅、袁晓玲、张艺等学者都有专著问世。学者们分别从反对

[①] 桑塔格. 重点所在[M]. 陶洁，黄灿然，等译. 上海：上海译文出版社，2004：57.

阐释、文学反思、存在主义、学术史及美国左翼文学、小说创作、唯美主义、美学批判和艺术符号等角度和桑塔格"对话"。同时，桑塔格与中国人的"相遇"，和天津相关，和中国地理相关，也和世界文学相关。桑塔格的《中国旅行计划》以半虚半实地写法谈到了她对中国的关心、对天津的好奇和深挖地洞要钻到另一个空间的少年之勇。这样一种发现，无疑是一次壮举。后院的地洞、天津与中国让文学的世界链接成整体，使生活变得更小，而五大道、大胡同和旧码头也有着桑塔格向往和新奇的商游旧迹。这个对世界充满好奇之心的思想者，将世界的地标和文化压缩成文学关键词、索引、清单和名录，与世界文学缔结了深远的关联。读书期间，笔者曾一度沉浸于南非作家纳丁·戈迪默的作品，写了数万字的评论。后来，偶然发现她也是桑塔格的好友。这二位受人尊敬的女性，同样著述等身，同样以行动让思想"落地"。这也让笔者对桑塔格研究更加感兴趣——一直在追问"桑塔格还跟什么相连？"

本书主要分为四部分：先行的理念、实验的小说、智性的戏剧和混合之美。主要阐述了桑塔格在批评、小说、剧本和混杂艺术方面所取得的成就，对于其"延展式身份""编目式审美理论""札记体风格""严肃路径的选择""互文性"和混杂艺术做了具体解释。我们需要看到，桑塔格是一个丰富而有文学野心的作家，她拒绝任何身份界定，在一个属于她的时代，通过自己的智慧绘制了辽阔的文学地图，不怕麻烦地勾勒出她曾到过以及不曾到过但向往到达的地方。在她的作品里，我们看到批评要比她的小说更有文学吸引力，但是她创造出的虚拟人物又被安置在恰到好处的处境里。在她的批评中，我们看到流行文化、调侃和本雅明式的"闲逛"，但是智性传统又是她更为关照的部分；在她的笔记里，她说她自己不要做老师，而要做学生，但事实上她又有着天生的引导力。本书聚焦于其重要的小说和戏剧等代表作，深入阐述桑塔格与几位严肃作家在创作上的共振，讨论了其美学思想的构成和在文学史中的意义。

尽管学界讨论了甚多的主题，延伸了深广的领域，但桑塔格思想研究依然有丰富的延展性和学术价值。她的学术关键词和札记形式使其创作充满开放性和艺术性，具有强大的美学张力。人们可以通过这些有趣、敏感和活跃的学术关键词发现新的链接点和研究路径。如果把桑塔格的精神世界理解为一座枝繁叶茂且生机盎然的大花园，那么她对世界文学、文化和艺术现象的关照则是那些细密丰富、四通八达的分岔小道。以往的研究关注了太多的"桑塔格是谁？""桑塔格在哪里？"的问题。而桑塔格作为美学思想链接的媒介者身份依然有很大的研究空间和研究价值。她对世界富于感受力的发现和探索，浓缩在她的美学词典里，成为具有指示性和实践性的艺术经验。盛年之后的桑塔格仍然像那个挖通地洞的 14 岁少年，试图打通悠长的地下隧道，链接陌生世界的关卡，而这一壮举正如歌德对 18 世纪欧洲年轻人的感召和摇撼同样充满力量。

本书经历近 5 年时间的酝酿、撰写和校对，终于成为一个完整的体系，其中需要说明一点，本书所涉及的书名和文章篇名有不同的译法情况是客观存在的。感谢我的导师孟昭毅先生的宝贵意见，感谢李尧院长的支持，感谢比较文学与世界文学科研团队的扶持，感谢徐纪阳老师的指点和帮助，感谢鲍俊晓老师的建议，感谢本书编辑赵珊老师的热心帮助和指引。本书"苏珊·桑塔格研究综述"由施素素执笔，"悬置的配角"由祖文执笔，陈清源协助引文校对工作。

唐蕾

2022 年 10 月

目 录

第一章　先行的理念

第一节　延展式创作身份

一、从自我到他人：非个人化的自由书写者

苏珊·桑塔格（1933—2004）作为美国现代文学的领军人物，有很多光彩炫目的荣誉头衔——坎普王后、"批评界的帕格尼尼"、曼哈顿的女预言家、后现代主义先锋作家、"文坛非正式女盟主"、"大西洋两岸第一批评家"等。而"美国公众的良心"这一称号则是美国人给予她最崇高和最完整的评价。桑塔格在其近60年的创作生涯里更多扮演的是一种智慧引领者的身份，这种身份带给美国社会和美国民众深刻的影响。从几十年与病魔斗争、十赴波黑战场、揭露美国关塔那摩监狱关押政治犯的非人道行为、对艾滋病人及所有身心受折磨的弱势群体之关注，到她对同时代所有大事件的关注和评论，所有这些常人无法做到的事情，让这位低调而勤奋的作家收获了人们对她发自内心的尊重和欣赏。一位作家之所以能够在公众心中树立起一座丰碑，不单要看他是否有天才的创作才华、激情澎湃的奇思妙想，还要看他有多少文字是为这个社会和公众群体承担起观察、提醒和鞭策的责任。因此，在这一点上，桑塔格被美国公众称为"公众的良心"是当之无愧的。

　　桑塔格从不把写作当作私人的行为，在其与南非获诺贝尔文学奖女作家纳丁·戈迪默的对话中，她清晰地表明了自己的观点和立场，"我从未觉得作家所从事的是私人活动"。"我认为，首先是作为一个人而非作为一个作家，我不得不这样做。也就是说，我当时认为，成为作家是一种特权，我在社会上处于一种有特权的位置，我要公开发出声音，当时情况紧急，我认为自己能够以声音来影响人们，让他们去关注我热切关注的东西。我们认为我们拥有——或许我们大都认为自己拥有——一种道德职责；我认为这是现代生活中作为一个作家应有的一部分。但我并不认为它决定我们作为作家的价值。"①这种非个人化书写的态度和戈迪默达成了内在的默契，戈迪默在《关于作家职责的对谈》中讲道："要当作家，就必定要有机会了解到这一社会里有什么，并且明白社会是如何塑造我、影响我的思维的。作为一个人类成员，我就会自动地为它担当起某种责任（因为作家是一个善于辞令的人），就会有一种特殊的责任要求他去以某种方式作出反应。"②两位作家在关于作家职责的问题上表现出惊人的相似之处，说到底都源自作家对于他人和社会的公共意识及创作使命感。桑塔格反感某类作家在文本中不厌其烦地书写自己、表现自己，她认为这样的创作不可能成为最一流的作品。无论从服务意识还是从公众效应而言，这样的作品只是为表现而表现的作品，毫无价值可言。桑塔格认为一个人的生活是有限的、逼仄的，如果作家仅把眼光盯在自己的身上，作品则显得非常浅薄和苍白。她认为，"一位伟大的小说家既创造……也回应一个世界"③。正是基于这样的使命

---

① 纳丁·戈迪默，苏珊·桑塔格. 关于作家的职责的对谈[J]. 姚君伟，译. 译林，2006（3）：200.

② 纳丁·戈迪默，苏珊·桑塔格. 关于作家的职责的对谈[J]. 姚君伟，译. 译林，2006（3）：201.

③ 桑塔格. 同时：随笔与演说[M]. 黄灿然，译. 上海：上海译文出版社，2009：216.

感，桑塔格在其作品中表现出较为敏锐的社会洞察力和回应当代大事件的积极态度。《疾病的隐喻》由两个部分组成——"作为隐喻的疾病"和"艾滋病及其隐喻"，其中讨论了结核、癌症、霍乱、梅毒、鼠疫等让公众尤为恐慌的疾病。桑塔格认为所有疾病都是可以被控制的，而人类对于疾病进行了无限制的放大和错解。人们对于疾病缺乏正确的认知，认为癌症患者一定是长期精神苦闷者，结核病人都和贫困有关，性病患者均为道德感缺失之人，鼠疫是最可怕而不可自救的人类灾星，等等。桑塔格认为，大部分的疾病已经超越了病理学上的范畴，而变幻为某种和人格、道德以及身份有关的社会话题。疾病变成某种身份和符号，被公众贴上指认的标签以便进行分类和划界。公众缺乏对病人足够的认知和理解，把他们生理上所患的疾病内涵扩展至心理和身份界面。桑塔格认为这是可怕的误解，而作家有责任告诉公众应该以怎么样的方式去看待疾病和病人。《关于他人的痛苦》由三个部分构成："关于他人的痛苦""致谢""附录：关于对他人的酷刑"。桑塔格在此书中讨论了伍尔夫有争议之作《三几尼》、无终结的战争、摄影与真相、英雄史诗《伊利亚特》、酷刑等问题。难能可贵的是，作家站在相对中立的立场对很多问题做出冷静和理性的分析。在书中，她这样写道："和平就是为了忘却。为了和解，记忆就有必要缺失和受局限。"[①]桑塔格认为"冷酷与记忆缺失似乎形影不离"[②]，而这往往让人们陷入选择和平或战争的两难处境。桑塔格对战争的评论理性且客观，对于一个不介入战争的评论家而言，桑塔格更能够看到问题的最关键点，她清楚战争的根结在哪里；而介入战争的人们也很清楚，但是记忆和对往昔亲友的怀念让人们继续为复仇和暴行寻找理由。她认为这正是战争永远无法终结

---

① 桑塔格. 关于他人的痛苦[M]. 黄灿然，译. 上海：上海译文出版社，2006：106.
② 桑塔格. 关于他人的痛苦[M]. 黄灿然，译. 上海：上海译文出版社，2006：106.

的原因所在。《疾病的隐喻》和《关于他人的痛苦》是两本主题不同的作品，但有一点是相似的，这是作者总结出来的结论——一切疾病和痛苦来自人类对自身认知的不完善和理性意识的缺失。作为美国先锋文化和大众文化的领军人物，桑塔格秉持自己独特的写作风格，坚持严肃的创作路线，不追求表现型的个人化书写，既游离于权力中心之外并坚持自己的自由式书写，又积极参与美国当代各种艺术革新。其非典型的女性作家身份和客观、严肃而勇敢的创作立场为人所称道。桑塔格延展式的身份具有丰富的文化内涵和宽阔的解读空间。

《疾病的隐喻》《关于他人的痛苦》等作品是面向美国知识界的读本，因此，作家在其中传递了某种想法，而问题是美国知识界对其作品接纳了多少？又排斥了多少？桑塔格的作品是否如她自己预计一样达到了目的？这一系列问题在作品出版之后一一有所回应。与其说桑塔格的作品是带来了新想法，还不如说是带来了大讨论。她习惯给人们抛去一个个有争议的话题，然后镇定、沉着地迎接质问和挑战。当然，辩论总归有正方和反方，总有支持她的人群在背后摇旗呐喊。作为知识分子，桑塔格的勇气和游离状态一直是人们最为欣赏的地方。美国评论家莱昂内尔·特里林在一次谈话中对塞纳特这样说道："因为自己没有走自由知识分子之路而产生了一种可怕的内疚感。"①人们对桑塔格不附属任何独立机构的勇气和胆识感到钦佩。当然，美国评论界对桑塔格超越科学范畴而否定疾病存在论的言谈感到不满，有人认为桑塔格的作品是"乌托邦思想的产物"。②在美国前沿文化阵地上，各种

---

① 罗利森，帕多克. 铸就偶像：苏珊·桑塔格传[M]. 姚君伟，译. 上海：上海译文出版社，2009：241.

② 罗利森，帕多克. 铸就偶像：苏珊·桑塔格传[M]. 姚君伟，译. 上海：上海译文出版社，2009：233.

思想在碰撞、摩擦和对话，而桑塔格则一直是其中较独立且有前瞻性的思想者之一。她的勇敢、执着、勤奋和思辨使之成为一位美国知识界最引人注目的非个人化的自由书写者。西格丽德·努涅斯对桑塔格严肃的创作态度极为欣赏，作为桑塔格身边的助手之一，她在传记《永远的苏珊》中记录下桑塔格对于严肃创作态度的一段评价，桑塔格这样对她说："你做这件不是为了自己开心（这与阅读不一样），不是为了宣泄，不是为了自我的表白，也不是为了取悦某些特定的读者。你是为了文学而为之。"①桑塔格认为所有的写作都应当是许多想法迫不及待的一种表达诉求，她认为在没有任何创作意图和创作动力之下的被迫写作是毫无意义的。任何理由和借口都不能成为作家为现实妥协的原因，她常说的一句话是"不要让任何人威逼你"。1947 年 11 月 23 日，桑塔格在日记中写下这样一行字："我相信：（a）……（b）世上最令人向往的是忠实于自己的自由，即诚实。"②1958 年 1 月 7 日的日记里写着这样一段话："在我看来，严肃是一种真正的德行，这是[我]在生存论的层面上接受，同时情感上也接受的少数几种德行之一。我爱高高兴兴的，凡事不往心里去，但是，这只有以严肃要求为前提才有意义。"③

二、从美国到欧洲：先锋文化的媒介者

在现代美国文坛上，文学有时也像流行音乐，其背后有文化策划者、风尚指标以及偶像制造方案。在这一点上，桑塔格可以算得上为美国出版界最为关注的一颗璀璨明星。她既是精英文化

① 努涅斯. 永远的苏珊[M]. 阿垚，译. 上海：上海译文出版社，2012：63.
② 桑塔格. 重生：桑塔格日记与笔记（1947—1963）[M]. 里夫，编. 姚君伟，译. 上海：上海译文出版社，2013：1.
③ 桑塔格. 重生：桑塔格日记与笔记（1947—1963）[M]. 里夫，编. 姚君伟，译. 上海：上海译文出版社，2013：230.

的一分子，也是先锋文化的积极传递者。她很好地融合了精英文化和大众文化两者的特点，既保持了知识分子与社会主流舆论导向一定的距离，又能很敏锐地捕捉时代的新讯息和重要变化。在与欧洲现代文化之间的关系上，桑塔格积极地扮演着媒介者和传播者的角色，构建起美国和其他各国文化交流的桥梁，她将德国的法兰克福派、法国的罗兰·巴特、罗马尼亚的齐奥兰、英国的王尔德、南非的纳丁·戈迪默等思想者做了详细而别致的介绍，引入美国思想界，进而推动了美国现代文化与各国文化的发展和交流。

先锋文化追求特立独行的表达方式，不强调传承旧有的文化传统，追求艺术化变形，认为艺术不应当承担任何附加的义务和职责，以梦境表达人的内心世界、表现荒诞和陌生化的现实世界。1963年，桑塔格的第一部作品《恩主》问世，从这部作品开始，她的创作文风和思想构架初步确定。小说以无数个梦推动故事情节的发展，内容真真假假、虚虚实实，让人难以捉摸。桑塔格以变换的主人公、主题和故事背景，跳跃式地讲述故事内容，不强调清楚陈述过去发生过的一切，而是借用后现代的艺术手法全面涉及从男人到女人、从正常人到疯子、从西方社会到第三世界的全景化生活，以怪诞和变形的艺术技巧表现了现实世界的荒诞和不确定性，强调了人作为主体存在的不确定性和被异化的现状。批评界对于这部小说莫衷一是，有人认为它是拙劣的，有人则认为它极具前瞻性。美国享有盛名的弗雷·斯特劳斯·吉劳出版社对该书充满信心，于1963年正式出版了此书。小说收获了来自四面八方的好评。约翰·巴思认为该书是"来自伏尔泰影响下的荣格"[①]。汉娜·阿伦特认为桑塔格"已经学会运用其与法国文学

---

① 罗利森，帕多克. 转就偶像：苏珊·桑塔格传[M]. 姚君伟，译. 上海：上海译文出版社，2009：88.

相一致的创新风格"，她十分佩服桑塔格"能做到前后严丝合缝"。
其中最为中肯的评价来自伊丽莎白·哈德威克，她说："她聪慧，
相当严肃，长于以极其巧妙的方式来处理严肃的题材。"甚至有评
价认为桑塔格很快会成为伟大的作家，"会与玛丽·麦卡锡和伊
丽莎白·哈德威克这样的作家、评论家齐名的"。[①]《恩主》的出
版发行让桑塔格开始走向职业作家的行列。从小说到剧本、从文
本创作到影视创作、从文学到文论，每个重要的文化领域都能听
到桑塔格响亮的发声。

　　桑塔格对于严肃文学与大众文学体现出均匀的兴趣度和关注
度，可以游刃有余地穿梭于两者之间，这也体现了一种新型的美
国文学风尚。美国人既可以在《党派评论》（*Partisan Review*）中
看到她的言论，也可以在《时尚》（*Vogue*）杂志看到她的身影，
这种活跃度和伸展度与美国文化是合拍的。桑塔格既无畏也很时
尚，能够代表美国最有活力、最前沿的女性思想者形象，也顺应
了美国大众对于现代女性的某种期待。"苏珊·桑塔格献给美国
文化的一大礼物是告诉人们可以在任何地方找到思想界。"[②]《论
摄影》不仅被看作一部经典的文论集，也被摄影界视作经典的参
考文本。这部作品收录了 6 篇评论和一篇简集：《柏拉图的洞穴》
《由朦胧的摄影看美国》《令人抑郁的对象》《幻象英雄主义》《摄
影的福音》《形象的世界》《引文简集》。桑塔格用了一种看似夸张
的形式陈述影像对人类社会的改变，她这样说道："十九世纪美学
家马拉美（Mallarme）最具逻辑性地说，世上存在的万物是为了
终结于书本。如今万物的存在是为了终结于照片。"[③]这段带有预

---

　　① 罗利森，帕多克. 铸就偶像：苏珊·桑塔格传 [M]. 姚君伟，译. 上海：上海译文
出版社，2009：89.

　　② 罗利森，帕多克. 铸就偶像：苏珊·桑塔格传 [M]. 姚君伟，译. 上海：上海译文
出版社，2009：127.

　　③ 桑塔格. 论摄影 [M]. 艾红华，毛建雄，译. 长沙：湖南美术出版社，2004：35.

见性的话在之后的现代生活中不断被证实，而现代人对于影像的信任和依赖程度的确远远超过文字之上。本雅明在《电影拍摄》中感叹绘画衰败和电影崛起之不可避免性，他这样说道："现在，绘画已经无法成为一种群体性的共时接受对象了，尽管它先前可以适用于建筑艺术以及叙事诗，它已经被电影所取代。"[①]安吉拉·默克罗比在《苏珊·桑塔格的现代主义风格》一文中高度评价桑塔格的《论摄影》："《论摄影》（1978b）是迄今为止对摄影的文化意义的最全面、透彻、明达的介绍。"[②]美国《时代》周刊、《华盛顿邮报》对于这部文集都做出了高度的评价。美国作家约翰·贝尔格认为："未来，就各种大众媒介中指明对社会作用的探讨，必将以桑塔格的《论摄影》为关键著作而加以引证。"王予霞认为："桑塔格对摄影的论述集中传达了70年代中期美国知识界的声音。当时许多知识分子纷纷把目光投向大众文化的'自由危机'、激进的不确定方面。"[③]桑塔格对于影像的关注体现了知识分子对于新文化风向的敏锐觉察力，同时对美国后现代文化的发展也起到了推波助澜的作用，在文化转型的20世纪70年代，她始终保持着文化风向标的姿势，既不一味向大众文化妥协，也会同意见相左的后现代主义评论家展开激烈的争论。这种特立独行的风格如同她的作品一样，指引人们踏上交错分岔的道路，充斥着矛盾与晦涩，把多重寓意打包推向读者，保持谜一般的神秘感。美国现代文化和桑塔格的时尚、自相矛盾、简洁有力、晦涩和折中主义说到底是统一的，因此，她的作品慢慢为美国知识界和大众读者所接纳，唯一可以解释的理由是每个人都可以在五味杂陈

---

① 本雅明. 机械复制时代的艺术[M]. 李伟，郭东，编译. 重庆：重庆出版社，2006：20.

② 默克罗比. 后现代主义与大众文化[M]. 田晓菲，译. 北京：中央编译出版社，2000：122.

③ 王予霞. 苏珊·桑塔格纵论[M]. 北京：民族出版社，2003：227.

的桑塔格文本中找到想要寻找的东西，而这种影响的确在很长一段时间内是无人可取代的。

三、越界的独特性：非典型的女性作家身份

在美国现代文坛上，许多女性作家展现出其过人的才学和卓越的见解，诸如汉娜·阿伦特、玛丽·麦卡锡和伊丽莎白·哈德威克，其中也包括苏珊·桑塔格。然而，桑塔格从未在女性身份上大做文章，既不纠缠于女性主义、女权主义颇有争议的话题，也不过度凸显女性作家身份，当然为此也引来不少人对她的不满和批评。英国批评家安吉拉·默克罗比在文中犀利地点评桑塔格对女性身份和女性问题忽略不谈。也有批评声音认为桑塔格实质上要争取尽可能多的读者，他们甚至认为女性作家过度彰显女性身份只会让作家失去一部分支持她的读者。因此，他们认为桑塔格是聪明而狡猾的。这些批评有些不无道理，但是，批评指责的背后体现出一个重要的问题，即桑塔格作为非典型化的女性作家身份该如何被正确理解。确切地说，桑塔格不是忽略女性身份，而是在陈述观点和表达想法时并非一味从女性视域出发，其阐述问题的视角是多维的、中立的、鲜有性别立场的评论家视角。从这一点而言，桑塔格不是一位波夫娃式的女权主义者，而是一位颇为中性的知识分子。

女性的社会问题和生存处境一直是西方批评界关注的重点之一，尽管如此，女性主义作家和女权主义作家往往被人们看作是带有歧义和贬义的词汇。客观而言，许多西方作家都不愿被轻率地冠之以女性主义或女权主义作家头衔，因为这种称呼意味着表达情绪化和可能的边缘化。桑塔格对语言环境有着洞察性的了解，她对自己的女性身份并非视而不见，而是以一种较为客观和中立的视角对某些问题做出了自己的评价和阐述。因此，她既是

聪明的，也是冷静的。桑塔格一直认为女性的社会问题和自由问题、艾滋病问题、种族歧视问题等一样，并不一定要量出孰轻孰重，她认为人们应该就情形和处境的变化而对不同的问题投入相应的热情和关注。人们往往奇怪于她是如何完成了男性主人公在《恩主》中的艺术化表演，而对《床上的爱丽斯》等作品却视而不见的。事实上，桑塔格并未彻底抹去自己的女性身份，并在《床上的爱丽斯》《在美国》等一系列作品中讨论了女性的生存现状以及女性发展的困境与出路问题。桑塔格可以胜任于任何性别角色的创作活动，这一点体现出一位职业作家所具备的专业性和驾驭力。

女性作家是应该以愤怒的控诉者形象出现在公众面前，还是应该以平静的方式表达自己，这是一个问题。女性作家是应该以女性的身份发声还是应该以中性的身份发声，这也是一个问题。在这一多重选择中，更多的选票会投给那些平静的、中性的发声者，因为人们似乎认为后者的表达看起来更为客观和容易让人接受。玛格丽特·福勒、弗吉尼娅·伍尔夫、西蒙娜·德·波夫娃、茨维塔耶娃等人都曾以愤怒者的姿态出现在世人面前，虽然她们被人们接受了，但是这种接受并非全面的、开阔的。桑塔格显然需要找到另一种更为广阔的发声平台，一种可以让自己成为更多角色和发出更多声音的舞台。现代文明的构成是多维度的，既有性别的问题也有种族的问题，既有意识形态的问题也有民族文化差异的问题，而每一个问题都很重要，对此，桑塔格没有特别地将性别问题当作最急迫的问题来强调，甚至低调地处理了身为女性作家身份和视域等问题。桑塔格所关注的林林总总的问题如同她所阅读的浩如烟海之书籍，庞杂而丰富，敏锐而独到，每一个细小的主题都会快速地跃进她的视线之中，而看似重要的主题可能因为说得过多而更无新意便被她匆匆掠过。美国在经历近现代一百年的变革过程中所呈现出的一系列问题是所有美国知识分子关注和亟待解决的问题，这些对于桑塔格而言尤为重要。桑塔格一直把自己看作一个智慧型知识分子，而非纯粹的女性作家，她认为知识分子应该胸怀天下，而不应该囿于女性作家的身份之中，所以，也不难理解为什么她并未刻意彰显女性身份，而是低调地回避这一问题。

美国大众对于作家有一定的期待和要求，他们希望能从作家的文字中得到最大化的信息量和最前沿的知识，希望他既能深入地阐述一些问题，也可以不断地从这一领域跳跃到另一领域，换言之，美国社会期待作家可以成为通识性的作家。桑塔格具备了这样的特点，她既很权威，也很时尚；既很专注，也很辽阔，自然而然成为知识界的"明星"——一种美国式的知识界明星。在日趋多元化的美国社会里，各种群体对于讯息和知识的感知方向是不一致的，这就从内在要求美国知识分子在写作过程中要确立自己的认同群体，即搞清楚为谁而写的问题。作家的知识结构、专业训练过程以及专注对象决定了作家的创作风格和写作路径。因此，这就决定了桑塔格不可能是纯粹意义上的女性作家，而是更为全面的智识型知识分子形象。维多利亚时代的伍尔夫曾经感慨过女人因为缺少一间自己的房间和一年几百英镑的收入而无法心平气和地表达自己的见解。而过了半个多世纪，桑塔格面临的问题已经不再是伍尔夫式的女性问题了，她雄心勃勃地准备着每一个新问题并像男人们一样准备去解答和回应。在这一点上，桑塔格的确算是一位非典型的女性作家。

伊丽莎白·哈德威克和弗吉尼亚·伍尔夫是桑塔格较为欣赏的两位女性作家。尽管桑塔格极其推崇哈德威克的作品，但她对哈德威克的女性气质却颇有微词。哈德威克说过这样一句话："我一直在，一辈子都在，寻找来自男人的帮助。"这正是桑塔格对其不满的原因所在。哈德威克在和西格丽德·努涅斯谈到桑塔格时，她这样评价桑塔格："她并不是一个真正的女人。"①伍尔夫在桑塔格的眼中的确是个天才女作家，但是她在个人书信中常常表现出来的不合时宜的"孩子气的语言"和"少女般的闲扯"让桑塔格感觉极为平庸和幼稚。严肃是桑塔格很喜欢的词汇之一，她常常对别人谈起作家严肃的创作态度，她这样说道："你只要看他们的书就能知道这些人到底有多严肃。"②她认为贝克特是严肃作家的代表，因为他能始终坚持自己认为正确的立场和行为准则，桑塔格认为贝克特真正做到了创作和日常生活的完美统一，并且他从不为物质层面的东西违心地做自己不乐意的事情。纯真是作家对生活和创作体现出来的痴迷和专注。桑塔格认为痴迷的人最纯真、最可能成为艺术家，因为一个人能够对自己热爱的事业和生活投入孩子般纯粹的热情和无功利性的付出，才能真正成就一番事业，她认为严肃和纯真是可以完美地结合在一起的。作家可以在其作品中丢弃女性柔弱和依附的第二性特征，其写出来的每一句话应该是完全中性的，不带性别色彩的。她从不相信文学中存在"女人的句子"③。她更难以理解的是文学作品中还会有女性视角和女性叙述这样一种说法，她所理解的文学创作应该是一种严肃和纯真相结合的完美体现。严肃的创作态度可以让一位作家对于自己的创作投入最饱满的热情，并可以让阅读者从中感知到作家客观而理性的个人立场，而纯真可以让作家远离日常事务的干扰和污染，在权力中心之外可以对自己所表述的每一句话做到问心无愧。

桑塔格是美国和欧洲文化之间的一座桥梁，她对前沿讯息的

---

① 努涅斯. 永远的苏珊[M]. 阿垚，译. 上海：上海译文出版社，2012：31.
② 努涅斯. 永远的苏珊[M]. 阿垚，译. 上海：上海译文出版社，2012：25.
③ 努涅斯. 永远的苏珊[M]. 阿垚，译. 上海：上海译文出版社，2012：61.

敏感度和把握使得她成为美国先锋文化的一位重要领军型人物；她不囿于女性作家的身份，视野辽阔，纵横捭阖，担当起智慧型引领者的职责并以严谨而专注的学术态度影响着美国知识界。美国文化期待出现桑塔格这样的智识型知识分子，因为她全面、客观而不动声色地表达自己的立场、态度和判断，这种表达是更为理性的书写方式。

第二节　编目式审美理论

桑塔格的作品倾向于目录式、百科全书式的引导和介入。她的文字担当起交流媒介和桥梁的作用。其文本趋向于编目式美学风格，具有"去中心化"、疏离、开放和互证等特点。这种方式破除了一个中心的传统结构，丢弃一以贯之的脉络和线索，在形式上趋向于一种无限伸展的可能，其作用是开启民智、不断寻找新的生长点和联结点，每一处都可随机延展并自成体系。桑塔格的媒介者身份问题研究可以弥补人们非此即彼、非黑即白以及单线认知的不足，对了解全面的桑塔格有重要意义。

"编目"在《现代汉语词典》（第 7 版）里有作为动词的"编制目录"和作为名词的"编制成的目录"两重意思。编目式美学在凯奇的文章里被简易地界定为"最雅致的表述——导致了清单式的，目录式的，表面化的艺术，也称为'随机的'艺术"①。其具有"极简""开放"和"中立"的特点。它的极简主张让文字具有直接的表达能力，它的开放性显示了包容和联结的特点，而中立则指保持审美距离、维护客体和主体之间的独立性并"唤起

---

① 桑塔格. 沉默的美学：苏珊·桑塔格论文选[M]. 黄梅，等译. 海口：南海出版公司，2006：69.

情感的期待"。《沉默的美学》中有这样一段表述："现代艺术对于编目式美学（aesthetics of the inventory）更为常见的依赖。"[①]这种美学理念也被桑塔格通过文字清楚地表现出来。她的评论几乎都是通过编目进行审思和界定的内容，在其庞杂的知识体系中自成条目，互通有无，牢牢地啮合在一起。她的杂文偏爱目录式、百科全书式的引介和导入，擅长用言简意赅的语言表述对某部著作或某个人的态度。在和欧洲知识界的关系里，桑塔格呈现更多的是媒介和桥梁作用。她在小说、杂文和日记里密密麻麻地编织了一张大网，试着把她清点过的书目和人名一网打尽。对编目的兴趣和实践使得桑塔格能够胜任一个文化的媒介者和传播者的角色。

一、作为媒介者的存在

桑塔格借鉴目录文献学的检索方式，运用两种方法编撰文字。其一，以清单目录的方式编排内容；其二，提倡"去中心化"表述模式。清单目录式书写方式体现了作家和研究者深厚的知识功力，而"去中心化"的表述模式则展现了其开阔、延展式的思想格局。

（一）清单目录式引介

目录、文献具有较强的代入和联结功能，可以灵活自如地切入任意主题，而其本身立场是中立的。同时，目录式引介还能规避"过度"的表达，减少夸张和浪费。一种严谨的、审慎的和克制的表达将更加有助于人们理解和想象。材料、证据和时间节点在桑塔格的文本里穿插表现，去除了感情的空洞，给予了大量的想象留白。同时，它逼迫阅读者紧随其步伐，一步不能落下，而

① 桑塔格. 激进意志的样式[M]. 何宁，周丽华，王磊，译. 上海：上海译文出版社，2007：27.

不断查找资料、寻找历史痕迹和补充留白则成为必不可少的工作。

目录和清单式的引介，将桑塔格向四面八方无限延展。她的文字成为具有多维视角的立体文本，跳出了时空界限，将其有限的绝对时间延展至无限可能的相对时间。这种延展体现了桑塔格对自我的超越和勃勃的创作野心。戴维·里夫在《死海搏击——母亲桑塔格最后的岁月》里提到母亲对死亡的畏惧和长寿的渴求，他认为母亲并非如人们想象那样果敢。但是，他只看到了母亲贪恋时光的表象，并未真正了解其恐惧和厌恶死亡的原因。事实上，桑塔格更害怕精神短寿，而非肉体的短寿。她在《作为激情的思想》一文中提及的卡内蒂、《麦克罗普洛斯事件》以及浮士德都有贪恋时光的野心，这也投射出她自己的想法。桑塔格痴迷于知识，而她习惯用串联、编织的方式引介各路人马，缘于其对"精神长寿"的概念和选择。正如她用《麦克罗普洛斯事件》里的原文所言："哦！人要是能活到三百岁，那么，人生该多有价值啊！"①那些断裂的、碎片化的文字成为她延伸、拓展自我最有效的方式，与此同时，她也把人们的视线带到了更远、更陌生的领域。桑塔格将琳琅满目的文化产品密匝匝地堆积到她自己的知识文库里，使自己成了名副其实的文化媒介。人们跟随其小步快跑，但依然赶不上她迅捷的速度。因为，在阅读和鉴赏方面的卓越本领，使得她能够很好地胜任文化媒体人的这项工作。

这项工作总是追求面面俱到，因此，她铺陈、融入大量的错综复杂的元素，希望阅读者反复去咀嚼、主动学习和思考。正如她在《西贝尔贝格的希特勒》一文中所言："以混成作品形式出现的伟大艺术无一例外地值得研究，并会有所收获。"②她的文本和西贝尔贝格的风格是一致的，大大地展现了混成艺术、联结和对

---

① 桑塔格. 在土星的标志下[M]. 姚君伟，译. 上海：上海译文出版社，2006：196.
② 桑塔格. 在土星的标志下[M]. 姚君伟，译. 上海：上海译文出版社，2006：162.

比的特点。正如张莉和任晓晋在文中所言,"桑塔格的清单式艺术虽然呈现了一个无深度的世界,可这种去中心的尝试所要达到的不是简单意义上的虚无,而是向一切意义的可能性敞开胸襟。在她看来,意义存在于生命的过程中,与体验相联。每一个物化世界的碎片既是无深度的表面之物,也有可能把人带入意义的渊薮。"①

（二）"去中心化"的表述模式

"去中心化"来源于生态学中的理论,后来延伸至互联网和经济学等领域之中,指一切开放式、非扁平化和以平等为特征的系统现象或结构。在日常表述中,人们可以表达"去中心化"生态结构、"去中心化"货币和"去中心化"互联网关系等。而桑塔格文本早在 20 世纪 60 年代就开始提倡"去中心化"表述,并不深耕一个领地,也不提倡循循善诱式引介,更倾向于跳跃式点评,从 A 跳到 B,再从 B 跳到 C⋯⋯人们阅读她的文章需要铆足劲儿紧跟其后,小步快跑才能不发生偏移,但只要略微松劲儿,又被其远远地甩在身后。其文本信息庞杂、知识密集,成为名副其实的百科全书。同时,她以杂文见长,负责将最有价值和争议的话题以目录和清单的方式编排在错综复杂的关系网络里,习惯以开枝散叶的方式将原本单向度的话题向四面八方延展和拓深。当然,这种过度的延展和联结也会有走向虚无主义和自我怀疑的可能性。

多元、共生、批评和反思构成其文论批评的主要内容,这显示了其庞杂、诚实和"大胃口"的审美取向。桑塔格通过这些"马赛克"般的文化碎片延伸自己的思考,从不突出任何一个核心的立场或观点,而倾向于罗列数据和案例进行实证。她反对任何一

① 张莉,任晓晋."反对阐释"——《死亡之匣》中"梦幻"和"清单"的言说[J]. 当代外国文学,2016,37（1）：10.

种文化中心论主张，倾向于对话。因此，旁征博引和习惯性跳跃成为其创作的重要特征。在《迷人的法西斯主义》一文里，她否定作为典型文化中心论代表的法西斯文化，认为"高贵的野蛮人这一旧观念的法西斯主义版本显著的特征在于它对所有思考性、批评性，以及多元的东西均表示蔑视"①。她并不认同精神层面的强弱之分，因此，习惯将各类想法呈现在她的目录里，没有特别地倾向于哪种观点或立场。目录式的介绍和批评可以最大可能地"去中心化"，将人们带入讨论中，摒弃情绪化和倾向性的误导。

　　一个作家在文化立场上可能是激进的，也可能是保守的，正如程巍在《反对阐释》"译者卷首语"中所言"一个政治激进派可能同时也是一个文化保守派"。②目录式引介的文字风格对应了桑塔格"去中心化"的文化立场，她模糊了自己的文艺主张，在各个文化阵营之间切换自如。程巍认为桑塔格的"反对阐释"并非一种"反智主义"或否定阐释行为，而是"反对惟一的一种阐释"，"她希望以对世界的多元化的复制，来瓦解对世界的单一化的复制"。③事实上，她不单反对一种阐释，更想表达没有哪个显得更加特别或更加重要，因为每一种立场可能都有部分可取之处。这反映了她消解中心论的想法，而这种想法贯穿她的创作始终，最终成就其碎片化、目录式美学风格。可以联想到安吉拉·默克罗比在《后现代主义与大众文化》中对她的误解，她认为桑塔格回避了女性身份的问题和大众文化的问题，认为她走的是取巧和精英文化路线。而事实上，所有文字证据已经指向一个结论：桑塔格并未回避女性问题，也没有执迷于精英文化，她对女人、广告、摄影和大众媒体等问题都有广泛涉及，只不过这些问题显得较为

① 桑塔格. 在土星的标志下[M]. 姚君伟，译. 上海：上海译文出版社，2006：88.
② 桑塔格. 反对阐释[M]. 程巍，译. 上海：上海译文出版社，2003：5.
③ 桑塔格. 反对阐释[M]. 程巍，译. 上海：上海译文出版社，2003：8.

先锋和前卫一些而已。桑塔格对于犹太血统、第二性和大众文化等问题没有表现出更多的热忱和激情，因为这些问题是她面临的诸多问题中的几个，并不显得格外特别。她依然冷静、中立、客观和严谨地对一切值得讨论的现象进行跟踪，没有把自己安置在美国文化语境或某个支系文化影响力之中。这种选择体现了作家野心勃勃的梦想，也符合她作为批评家的身份。客观上也给桑塔格争取到了尽可能多的读者，因为她对一切问题均发生兴趣。像那些"大胃口"的作家一样，桑塔格并不情愿给自己贴上某一标签而错失数量庞大的读者群。"去中心化"、目录式书写是一种文化策略、一种另有所指的委婉表达。

在她的文字里，无数次使用过"伟大"一词，而事实上，她认为没有哪一个更伟大或更重要。她对所有有趣的、生动的、真实的和经验式的文本均表现出强烈的兴趣和关注，从不厚此薄彼，不认为哪个问题更突显，也不全盘否定被公众视为异端的言论。在繁杂的目录式引介里，她不惧麻烦地穿针引线，将看似无关的经验编织在一起。雄心勃勃、期望尽可能多占有时空的想法驱使桑塔格在文本中不断穿梭和跨越。但是这种快速的跨越、点击会让她的文字略显凌乱、不够深入。她的思维飞奔得太快，让跟随着她奔跑的人们疲不堪言，甚至眼花缭乱。原本她可以就一个问题深入、耐心地挖掘下去，可以把一篇简短的杂文向更清晰的方向拓深，但是桑塔格更倾向于跨界和破壁，而非持续地向一条路径行走。她习惯将文本布置成纵横交错的结构，这是桑塔格文字的优势，也是弱点。

二、分散、疏离的审美选择

编目式美学主张消解清晰的审美边际，它强调发散和无限联结。因此，分散和疏离成为它的另一特点。在界定"坎普"时，

因为无法即时地、准确无误地给它下定义，桑塔格列举了几十条
"什么是"和"什么不是"，显示出定义唯一的困难。在桑塔格的
文本里，定义没有明确的边界。模糊、去边界、认真感知和不界
定是解读其美学思想的几个关键词。

（一）不清晰的身份界定

作为一位在宗教环境中成长起来的无神论者，桑塔格不但想
摆脱美国本土文化的单一影响，而且脱离了宗教文化的直接影响，
她不做选择是因为她认为"宗教信仰可能是选择"，"但它们不是
普遍化的选择"。① "信仰宗教，在某种意义上就是皈依于（即便
他是一个持异端者）某种特定的象征体系和某种特定的历史共同
体，不论信徒对这些象征和这个历史共同体采取哪一种阐释。它
融进了一些特定的信条和行为，而不仅仅是对以下这些哲学论断
表示赞同，例如确信我们称之为'上帝'的那个存在物存在，生
活是有意义的，等等。宗教并不等同于有神论观点。"② 她肯定了
宗教在人心抚慰、社会教化等方面对人们产生了重大而积极的影
响，但她更倾向于做多元选择，因此，摆脱单一的方向成为其最
核心的任务。这也是批评界认为她"思维混乱"和观念杂陈的原
因之一。她所选择的"新感受力""坎普"和"反对阐释"都不能
够以某一种可以被确切界定的立场进行解释，不能作为她标志性
的、清晰的界限，而只能被视为从反方向、非拥护、"去中心化"
和批判的视角去理解的某种态度。她习惯于铺陈大量的案例和证
据，从多角度切入话题，敲打的同时也会肯定几句，体现了其一
贯严肃、认真和中立的态度，但全然不考虑给接受者带来的困扰
和迷惑。这仿佛是在委婉地告诉人们："不，我不知道我要选择什
么，但我知道我不选择什么。"

① 桑塔格. 反对阐释[M]. 程巍，译. 上海：上海译文出版社，2003：295.
② 桑塔格. 反对阐释[M]. 程巍，译. 上海：上海译文出版社，2003：295-296.

桑塔格不隶属于任何一个独立、稳定的政治团体或艺术组织，她只属于她自己。她酷爱对每一个新事物、新动态进行分析和阐释，体现在细节上的直接点评和指名道姓的批评。与其说，这是一种历史、横向的洞察，倒不如说是现象、纵向的敏锐。人们喜欢把她划分在"左翼文学"流派之中，但事实上她并未完全确定这种身份的界定。她倾向于游离、跳跃，而非固定和聚焦。在她的作品中和本人的性格气质里，始终有一种离心的力量。同时，她认同并捍卫自己的观点和立场，但并不自恋。与做老师相比，她更愿意当学生。她态度虔诚，对自我的认知理性、客观，她认为："对一个永远都是学生的人来说，笔记本是从事写作职业的完美形式；这样的学生没有科目，或确切地讲，他的科目是'一切'。"①

（二）模糊和疏离的边界

不让读者和观众说了算，斩断某种情感联系，提供远距离、不定焦的阅读体验，分散、看似凌乱和"去中心化"的表现手法，这是她对雷乃创作风格的归纳总结。在《雷乃的〈慕里埃尔〉》一文中，她这样评价："在这两个系列片断中，雷乃不给观众从传统故事的角度来进行视觉定位的机会。""雷乃叙述这个故事的技巧却刻意要使观众从故事情节中疏离开去。"②这种去焦的方式和桑塔格小说、杂文和戏剧创作的方式也是吻合的。在小说里，她不提供清晰的主线索；杂文中，习惯从一个作家跳跃到另一个作家，没有沉下去专门论证一个人或一部作品的耐心；剧本中，她习惯对话，而对话是一个奉行多元碰撞、编织和"去中心化"的最佳媒介。她认为"形式主义者的目标是瓦解内容，质疑内容"③，

---

① 桑塔格. 在土星的标志下[M]. 姚君伟，译. 上海：上海译文出版社，2006：186.
② 桑塔格. 反对阐释[M]. 程巍，译. 上海：上海译文出版社，2003：274.
③ 桑塔格. 反对阐释[M]. 程巍，译. 上海：上海译文出版社，2003：278.

认为作家和编剧只能做到二选一，要么选择形式，要么选择内容，如果想二者尽得，会显得贪心。她认为雷乃既想做"头脑清晰、极富同情心的写实主义者"，又想做个"唯美主义者，一个形式主义者"，会显得心有余而力不足。同样，她认为分解是现代小说的重要特征，符合生活原本的特点。"带入"以"我"的视点为中心，聚焦、准确；"疏离"则表现远距离、游移、自我为阵和各自生成。桑塔格的小说不推崇聚拢、带入，有意表达疏离。

有时，美丑的标准会出现波动和流变；而鸿篇巨制式的、崇高和悲剧范式的艺术表现也被不断重写。桑塔格并不认为"有趣"和"整体性布局"是文学的任务，这在《米歇尔·莱里斯的〈男子气概〉》一文中有清楚的论断。她一直站在纵向的历史轴线上审视人类审美眼光的变化。她认为审美标准无固定范式，肯定流动、变化、发散和碎片化的艺术表达，并认为这样的形式更加契合流动的时间和多元化群体。因此，她虽然认为莱里斯是令人生厌的、无气概的和自我消解式的，但他的诚实、理性主义和现代性却十分迷人。这体现了桑塔格一如既往的多元化和"包容性"。她在每一个人和事身上都能找到一点儿可以认同的部分。

在《纳塔丽·萨洛特与小说》一文中，桑塔格谈论精确和真实等问题，她认定没有所谓的精确和真实，而追求回返"真实"也不可取。她认为，强调摒弃"形式美"和"审美愉悦"并一味追求"真实"与"现实"只能是表面、单一和错误的陈述。与萨洛特在小说创作中所提倡的"动作"符合目的性、有实用价值才美的理念相反，桑塔格并不认为创作无目的性、不准确就不能形成风格。风格在桑塔格眼中被视为浑然一体、自然流露的东西，不一定非得有目的性或实用性。桑塔格认为无意中展示出来的东西更逼近"真实"，她也坚定地拥护审美的重要性。否定创作手法的"精确"和"真实"与她一以贯之的模糊美学理念相吻合，因为她从不认同一极的审美视角，认为强调"精确"和"真实"是过于理想化的天真想法。

每个人都试图找寻到一种适合自己的表达方式，好的表达方式衡量标准是"我想到了，也表达清楚了"。中间所流失的信息和内容最小化，能够接近人们最初的意志——这可能是最理想的载体。因此，歌德用剧本，托尔斯泰则以小说写故事，布勒松用电影的手法呈现自我，而桑塔格则长于以散文传递想法。

在《事件剧：一种极端并置的艺术》一文里，桑塔格讨论了事件剧的叙述风格。她认为："梦没有时间感。事件剧也没有。它既缺乏情节和连续的理性话语，又没有过去。"①这正类似于《恩主》的叙事风格。无头无尾，似海参式结构。这样断裂和没有背景的叙述接近生活的原貌，正如人们在很多时候是失语、无语或尴尬的状态一样真实。反之，那种滴水不漏、逻辑缜密的叙述反而失真，它已经属于过去，不能诠释现代人真实的生活状态和精神面貌。发呆、呓语或失神，看似无意义，但并不是真的无意义，因为一个又一个零碎的、放慢的镜头或简单词语被作家和编剧堆砌在一起的时候，整个作品就变得意义非凡。桑塔格推崇编织、拼接和创新，"共同的观念，即通过极端的并置方式（'拼贴原则'）来摧毁传统的意义，创造新的意义或反意义"②。理解了有关拼接的理论，也就能够更好地理解其马赛克状的文本风格。

桑塔格认为，任何一种优美和适度都需要节制。泛滥和过度会让语言膨胀、失去精准和深义。因此，她倾向于使用拼接和简洁的表达形式。在小说、戏剧和电影等艺术形式中，桑塔格始终认同形式要重于内容，她认为"审美的延长"可以让人多动脑筋、少牵动情绪，因此艺术效果更佳、判断更客观。越延长满足，越

---

① 桑塔格. 反对阐释[M]. 程巍，译. 上海：上海译文出版社，2003：310.
② 桑塔格. 反对阐释[M]. 程巍，译. 上海：上海译文出版社，2003：314.

能够更深切地体会美的感受。

三、在他者中求证自己

人的定义并不由单独个体自我界定。确切地说，人的定义是
通过人与周围人和环境获得联系而确定的。从这一层面而言，桑
塔格作家身份的界定不由她自己确定，而是通过她对世界的观察、
对他人的批评以及与各种思想的交锋确定的。

（一）规避张扬的自我陈述

编目式美学主张开放式求证，愿意师法他者，从而进一步明
确自我的属性。在他者中求证自己成为桑塔格委婉和温和的言说
方式。她极少用"我怎么样""我喜欢什么"或"我是什么"这样
的语言，而更多地通过陈述他者变相地界定自我。与全面铺陈的
浪漫化书写不同，桑塔格的文字更客观、冷静、干脆和中性。没
有哪个问题不是重要的，也没有哪个问题更显得迫不及待。她习
惯躲在文字的背后，罗列需要解决的麻烦。因此，她的文本重呈
现而非表现，重陈述而非描述。

拒绝、怀疑、否定和引介的表达方式，让她的文字显得理性、
中立、客观和凝练，这让她表现得像一位老谋深算的主持人，只
负责推出他人并机智地回避了自我铺陈。

桑塔格认为过度表现自我的方式是简单粗鲁的，而纯粹的个
人生活并不具有宏大的、深刻的解读意义。因此她更习惯从一堆
乱糟糟的、碎片化的和丰富而有层次性的大生活中寻求灵感。她
始终坚持将自己隐藏在文字背后的做法，与传统的主情性的、直
抒式的和顾影自怜式的自我陈述截然相反。桑塔格式的写作是刚
性的、巧妙的和不动声色的书写，她把自我排除在外，注重借力
发力。

她的立场和态度体现在她对他人思维和行动的重复描述之

中，同时，体现在她所设定的戏剧对话之中。正如在八幕剧《床上的爱丽斯》之中，她会邀请现实世界和艺术世界里一组软弱的和坚强的女人坐在一张茶桌上慢条斯理地对话，而她本人保持沉默。她会让狄金森表述她对陌生世界的恐惧，会让爱丽斯表达自己对现实世界的不满，会让昆德丽说出自己的自尊与自卑，让福勒对各个女人指手画脚。事实上，每个女人都是她自己。这种伸展和柔韧的表达，体现了其成熟的写作技巧和引介式的书写风格。

（二）对他者的敏锐感知

她欣赏保罗·古德曼，正如其在《土星的标志下》第一部分里所写，"那种直接的、一惊一乍的、自负的、慷慨的美国人的声音——让我倾倒"①。对他人的卓越和闪亮之处，她总能敏锐捕捉到。但对于她自己，她似乎是笨拙而迟钝的。在这一点上，她坚定地杜绝自恋。

回归敏锐和天真是她"新感受力"的主要部分，所以，她像一位导购员一样，对这边比比画画，又对那边指指点点，似乎在说："看！你要不要看这个？似乎这也不错。"在她的眼中，一切皆有道理，总有可选择的理由。

为了抵制迷失，每种文明都在另一种文明身上寻找自己；单独的个体也不能通过指向自我诠释自己，而必须在和他人发生联系的过程中表达自己。桑塔格推崇加缪的风格，认同他在文字里屏蔽主体性和具体情境的做法，认为他"非个人性的特征、全然不提他生活中的人与事的原因"②。这正与她在《作为英雄的人类学家》里所言的"在他者中寻找自我"③的说法完全一致。文化参照物可以更清楚地让人们认知自己。"中立的观察者"是桑塔

---

① 桑塔格. 在土星的标志下[M]. 姚君伟，译. 上海：上海译文出版社，2006：6.
② 桑塔格. 反对阐释[M]. 程巍，译. 上海：上海译文出版社，2003：68.
③ 桑塔格. 反对阐释[M]. 程巍，译. 上海：上海译文出版社，2003：80.

格对人类学家的期待，也体现了她自身的写作立场。在《萨特的
〈圣热内〉》一文中，她对萨特如此特别的眼光感到惊讶，也深为
理解，她认为让·热内成为萨特对自我的投射。在这样一个可怜、
荒诞和离经叛道的"小偷"身上，蕴藏着巨大的能量，他对应了
萨特"以意识来吞食世界"和"对他者的利用"等想法。萨特借
助他的文字和经历打通了自己以往封闭的、反向的通道，通过对
热内生活和文字的延展，他获取了更多问题的答案。萨特在与热
内文字对话的同时，时常发生游离，这多少来自不完全认同。然
而，这种异质的、反向的生活和语言大大刺激了他的想法，成为
他清楚认知自我的重要工具。在这一点上，桑塔格也效仿了萨特，
只不过她少了些萨特的一惊一乍、热情和"黏稠滞重"。

　　在《戈达尔的〈随心所欲〉》一文中，桑塔格写道，"他只是
展示"，"他不分析。他证实"。[①]她阐述了戈达尔的理智至上的创
作理念。她认为，呈现是作家的事，而求证则是读者和观众的事，
作家只负责描述，而阐述是其他人的事情。因此，小说或剧本在
她的观念里往往成为"元小说"和"元戏剧"。最明显的效果是，
阅读者和观众可以从文本和影片里牵出不同的线头、自行组织叙
述单位并编织成不同的内容。全知全能也有它的好，例如托尔斯
泰的《战争与和平》，严肃、权威、整齐和充实，提供了尽可能多
的生活场域和话语空间；小说文本的多元叙述将它的长处完美地
展现出来，可以不断挑战想象的边界，跳跃、奔跑、跨越和探索，
将一个原本局促、狭小的空间向纵深挖掘和拓展，使单一文本富
有层次性和变幻性，适应了现代人思考和阅读的多元选择。因为，
现代作家将文本赋予了收藏品的特质，提供给人们更多的目录、
清单和引介。

---

① 桑塔格. 反对阐释[M]. 程巍，译. 上海：上海译文出版社，2003：231.

桑塔格在她的文本世界里确定了诸多与众不同的土星坐标，而每一个坐标都可以以自我为中心自成体系。她指出："一本书也不仅是世界的残篇，其本身也是一个小世界。书是读者居于其中的世界的缩微化。"①因此，媒介者可以让更多值得被关照的身影出现在人们面前。桑塔格的文本充当这样的角色。她肯定本雅明作为收藏家的独特性，认为"思考也是一种收藏形式，至少在其初始阶段是这样"。②而与之相似的是，罗列人名、书名和各种有趣的说法，体现了她名副其实的珍藏爱好。她肯定不连贯、目录式的思想碎片，认同那些具备"土星气质"的英雄。正如她对本雅明的描述所言："带着他的残篇断简、他的睥睨一切的神色、他的沉思，还有他那无法克服的忧郁和他俯视的目光——会解释说，他占据了许多'立场'。"③其宽容、多元和豁达的文化"立场"使得其文字显得客观、理性且有说服力。在《土星的标志下》里引介的保罗·古德曼、阿尔托、莱妮·里芬斯塔尔、本雅明、西贝尔贝格、巴特和卡内蒂均自成一体，被收罗进桑塔格的土星图书馆。在桑塔格全力、用心打造的历史文库中，这些知名的、不知名的人名和文本成为有条不紊的目录和清单，为查找、考证和对话桑塔格提供破译的密码。简言之，桑塔格身份的界定是通过指向与他人的联结以及目录和清单的整理而获得完整答案的，而非她自己本身。

结　语

桑塔格为人们构建了一个繁杂而细密的文字网络体系，破除了一个中心的传统结构，也没有迷信一以贯之的脉络和线索，在

---

① 桑塔格. 在土星的标志下[M]. 姚君伟，译. 上海：上海译文出版社，2006：124.
② 桑塔格. 在土星的标志下[M]. 姚君伟，译. 上海：上海译文出版社，2006：126.
③ 桑塔格. 在土星的标志下[M]. 姚君伟，译. 上海：上海译文出版社，2006：132.

形式上主张倾向于一种无限伸展的可能，认为文学的作用是开启想象、不断寻找新的生长点和联结点，为下一步研究做铺陈。每一处都可随机被拿来拓展和延伸，并且，每一处都自成体系。桑塔格认定，编目式书写可以弥补人们非此即彼、非黑即白以及单线认知的不足。表面上看，这只是形式美学的一种延展；深层面看，它也是内容上的无限拓宽，为人们提供更多的想象空间。

第三节　"拒绝"艺术之重建

桑塔格的艺术理念可以概括为拒绝、否定和重建。"拒绝"特指文本保持开放状态、多元借鉴，不断清空既定经验并收获自我求证。作为"拒绝"艺术的桑塔格美学理念，并非僭越美学的框架，完全放弃宏大的叙事图景，将个人体验凌驾于一切之上，而是适度地、多元地、开放地和赏析式地看待个体经验，在以消解一切先验之见为前提的阅读旅程中，把信任和接纳作为认知的首要任务。因此，"拒绝"的艺术致力于引领人们走出一叶障目的误区。

桑塔格作为美国文坛一名活跃的批评家、作家、社会活动家、艺术家和美学家，其角色呈现着多元性和开放性。在其缜密而庞杂的美学体系中，"反对阐释"和"拒绝"的审美理念成为其著述的关键词。从20世纪60年代《反对阐释》发表以来，评论界从未停止对其理论的阐释和再阐释。

国外最有代表性的桑塔格研究专著主要集中于帕森斯等人发表的《苏珊·桑塔格资料辑录：1948—1992》（2000）、罗林森的《阅读苏珊·桑塔格——桑塔格作品批评性导论》（2001）、默克罗比的《后现代主义与大众文化》（2000）和洛佩特的《桑塔格评释》

（*Notes on Sontag*，2009）等几部。帕森斯为研究桑塔格绘制了地图和详解，将其作品和各类专著以目录式的方式一网打尽，其中对"拒绝"的美学理论也进行了回应，他认为这一理论对于认知桑塔格美学构架十分关键；罗林森的介绍和阐述更为凝练，他更系统地指出了拒绝的内涵和当下意义；安吉拉·默克罗比从质疑桑塔格的理论切入，更为具体地讨论了其美学框架的问题所在，认为"拒绝"的本身带有精英知识分子的傲慢和轻视，认为桑塔格有规避大众文化的倾向；洛佩特则认为《反对阐释》是桑塔格美学写作的巅峰，值得人们借鉴和反思。

与国外有关作家身份、立场以及美国左翼作家群现象等研究视点相比，国内的研究问题多集中于具体的美学问题，而"反对阐释"这一问题成为研究热点，诸如郝桂莲的《反思的文学——苏珊·桑塔格小说艺术研究》（2013）、张莉的《"沉默的美学"视阈下的桑塔格小说创作研究》（2016）、王予霞的《苏珊·桑塔格与当代美国左翼文学研究》（2009）和袁晓玲的《桑塔格思想研究——基于小说、文论与影像创作的美学批判》（2010）等专著均有对"反对阐释"的论述。柯英、林超然、韩模永和李遇春的研究论文对此问题有详细的回应，他们分别从文学和哲学的层面阐述了这一理论。但总体看，其有关静默的、拒绝的美学理念始终处于一种流动和开放的背景之下，这也是取之不尽的研究课题。桑塔格在《静默的美学》一文中认同并选择"否定"和"静默"，她的艺术理念可以概括为拒绝、否定和重建。"拒绝"的理念永远处于重建之中，不断清空自己并获得自我求证。

一、克制与化简的美学风格

中国传统绘画和书法中彰显庄子所讲的"虚室生白"和"唯

道集虚"，^①而这样一种留白和疏散的艺术风格恰恰和桑塔格的美学理念不谋而合。无独有偶，赵毅衡在《远游的诗神》里所提到的"化简诗学"也体现了这样一种美学观念，提倡"直接描写事物"和"克制陈述（understatement）"。^②桑塔格在文本中海量列举事实、数据和人物，虽然她非常专注地表达立场和观点，但这些工作远不如她铺展开的历史和现实图景来得生动。桑塔格拒绝将文本填满，并且批评对文本过度地阐释，强调归还文本最朴实的原貌。因此，拒绝过度和填满成为理解其美学理念的首要部分。

（一）消解过度阐释与回归自我信任

在批评史中，反对阐释成为她抵制过度消费和填满文本最有代表性的理论。反对阐释的任务是要恢复人对自我的信任、恢复自我感知能力，体验不带负重的、轻盈的艺术张力。反对评论者对文本过多地介入，提倡慷慨退席、艺术留白、不着痕迹的表达，让味蕾体验艺术新鲜的食材，丢掉过多阐释的作料，回归艺术咀嚼和回味的清新之旅。

1. 距离感下的探讨性书写

她不鼓励用界定的方式表达，更习惯用商量的口气去探讨问题，诸如"这个怎么样？"或者"那个怎么样？"。反对阐释，并非反智；反对"阐释"是指反对凌驾于文本之上的过度解析，要求恢复文本和艺术形式的主体性和权威性。桑塔格认为阐释不应该走向撕裂，而更应该走向联合。林超然总结为：不是"不说"，而是"少说"。桑塔格的文本更倾向于表现零碎、琐屑的生活状态。这让我们联想起莎士比亚、歌德作品的英雄范式和另一种类似于

---

① 见宗白华所著的《美学散步（彩图本）》（上海人民出版社，2015）第91-93页，他认为："中国诗词文章里都着重这空中点染，抟虚成实的表现方法，使诗境、词境里面有空间，有荡漾，和中国画面具同样的意境结构。"

② 赵毅衡. 远游的诗神[M]. 成都：四川人民出版社，1985：195.

陀斯妥耶夫斯基的日常表述范式。前者往往长篇累牍、妙语连珠、思维缜密且滴水不漏；而后者往往走向断裂、七零八落，并且偶尔前言不搭后语。但后者更接近于现代人的真实处境，因为现代生活并非铁板一块，往往存在各种接合处和不确定性；而前者旨在追求一种确定的完整性、表述的绵密和精确而拉远了文本和现代人之间的距离，因为大多数的我们达不到这样一种水平，它让人产生不真实感和距离感。因此，时代选择文本，人的生存处境对应特定的阐述范式，而在现代语境下，哪种范式更接近生活本真，它就会跳动着生命的节奏，更有活力。

因为没有哪一个立场能诠尽她的观点，所以桑塔格选择不断跨越、蜻蜓点水式地尝试，寻找和发现自己最好的发声平台。桑塔格密集和"驳杂"的知识图谱体现了她对每一个参照体的兴趣和不完全信任。桑塔格总是喜欢在一篇评论中极尽辞藻地夸赞一个卓越的思想者、一本书或一篇文章，但聪明的阅读者最终仍然会发现，她所选择的优本不胜枚举。她对知识探索体现出来浓厚的兴趣和乐此不疲的动力，使得她十分胜任"学生"和"主持人"的角色。正如桑塔格在她书中对"知识分子"的描述一样："他占据了许多'立场'。"[①]

2. 多义文本下的超立场性分析

泛滥地使用理论工具，会造成本末倒置的效果。李遇春在《如何"强制"，怎样"阐释"？——重建我们时代的批评伦理》一文中提出"我们不能强行征用其他人文社会科学的理论和方法，不经改造而直接套用在文学批评或文学研究领域中"[②]。应该补充的是，桑塔格对阐释立场不信任的态度也体现在文本、形式和语

---

① 桑塔格. 在土星的标志下[M]. 姚君伟，译. 上海：上海译文出版社，2006：132.
② 李遇春. 如何"强制"，怎样"阐释"？——重建我们时代的批评伦理[J]. 文艺争鸣，2015（2）：73.

义中，认为它们具有不确定性、开放性、多义性，同时，她反对
过度解读。桑塔格对"反对阐释"的界定没有列举精密、细致的
定义，而是通过诸多案例让人们尽可能多地接近这一定义。李遇
春提到一个事实，"由一元化的'强制阐释'走向了多元化的'强
制阐释'而已"①。他提出"只有建立在实证（'形证''心证''史
证'）基础之上的阐释才是客观而公正的阐释"②。这段论述非常
精当，有可贵的借鉴之处。他认为"无论'强制阐释'带来的是
'过度诠释'还是'不及诠释'，都是不科学的和不道德的阐释"③。
他重点阐释了艾柯、桑塔格和张江的几个定义。首先，他认为桑
塔格和艾柯的理论存在相通性，但从时间上看，桑塔格的理论要
比艾柯早了 30 年；其次，他认为艾柯本质上并不反对阐释立场，
而仅是反对过度阐释，而桑塔格的理论"建立在她对所有阐释的
意识形态性质的不信任的基础上"④。只注重过程不注重结论的
看法，和桑塔格一以贯之的旅行文学以及新感性文学理念是统一
的。虽然人们阅读一部著述时，会以"先入为主"的心态占有和
分解它，甚至多少沾上一些先验之见的污染，各取所需和自我放
飞是人们面对文本难以克制的主体意志，但这恰恰带有破坏性。
桑塔格所提出的反对阐释，"并不是指反对广义上的阐释"⑤。"桑
塔格所反对的，是把文学作品当作可以被任意肢解的材料，从而

---

① 李遇春. 如何"强制"，怎样"阐释"？——重建我们时代的批评伦理[J]. 文艺争
鸣，2015（2）：76.

② 李遇春. 如何"强制"，怎样"阐释"？——重建我们时代的批评伦理[J]. 文艺争
鸣，2015（2）：77.

③ 李遇春. 如何"强制"，怎样"阐释"？——重建我们时代的批评伦理[J]. 文艺争
鸣，2015（2）：74.

④ 李遇春. 如何"强制"，怎样"阐释"？——重建我们时代的批评伦理[J]. 文艺争
鸣，2015（2）：75.

⑤ 郝桂莲. "禅"释"反对阐释"[J]. 外国文学，2010（1）：77.

在文本中抽取批评者认为可用的材料的做法。"①因此，与其说她是反对阐释，倒不如说她是反对主体意志的过度和泛滥。将文本适当留白，回归文本原初的弹性，是桑塔格真正的表达意旨。

（二）语言媒介的隐匿和诗意审美

桑塔格认为语言是被污染最深的载体。郝桂莲认为桑塔格对语言不够充分信任，而这一观点和禅宗里的"不立文字"之说有惊人的相似之处。桑塔格追求一种灵性的艺术哲学，强调心灵的极致感受，反对被动地接受习俗和文字的浸染，认为鲜活的形式也是一种智慧和生命力。信任眼睛和心灵的直接体验，不一定比信任文字来得不可靠。

既然文字并不完全可靠，那么用文字诠释事物更是一项不可能完成的任务。一个事物的属性只能通过比较和参照获得相对完整的认知，尽管会给它找出无数组的参照系，也只能是让事物的定义尽量接近它本真的样子。正如郝桂莲在文章中提出的"放弃单一的思维模式"②。桑塔格给我们提出了一种相对性的界定方式，而非绝对的、是与非的单一方式。这种发散的、联结的网状思维模式是其编目式美学风格的具体体现。

这让人联想到陀思妥耶夫斯基《罪与罚》里的索妮娅。她是一个没有面孔的女人，她在拉斯柯尔尼科夫眼中是无色无味、透明的形象，一种超越世俗层面的精神和诗意的化身，一个灵性的符号。索妮娅的美不是用来看的，而需要用心体验。艺术之美就像美人之风骨，从视觉感知上的优美飞跃至心灵上的感悟和诗性体验，引领人们获取审美历程的超越。这正如郝桂莲在文章里提出认识的终极目标是"无善无恶的纯净世界"和"透明"的艺术体验。

---

① 郝桂莲. "禅"释"反对阐释" [J]. 外国文学, 2010 (1)：77.
② 郝桂莲. "禅"释"反对阐释" [J]. 外国文学, 2010 (1)：80.

张莉在《现代艺术神话中的灵知二元论——桑塔格〈沉寂美学〉之解读》一文中谈及了艺术、神话、二元论、灵知和沉寂等问题。"因为神秘主义者的活动最终必定是否定的神性，是上帝缺席的神学，是对无知而不是知识，对静默而不是言语的渴望，所以艺术必然是倾向于反艺术的。"[①]这段话是桑塔格关于否定和静默的一段讨论，让人联想到《浮士德》里"否定之精灵"梅霏斯特。否定有反讽、批判和揶揄的含义，同时否定还有冥思、超越和新生的内涵。桑塔格所讲的"艺术必然是倾向于反艺术的"，并非单指艺术是要反对自我和否定自我，而是指不断地超越现有的艺术形式和艺术手法，不断花样出新，从而不断适应和引领人们对艺术的期待和指向。在桑塔格的艺术理论中，始终遵循着言多必失的准则。她认为，艺术应该激发和刺激人们对现在和未来生活的想象，而不是将满满的一堆信息和技艺原封不动地传递给学习者，艺术是活的、流动的，是可以不断被修缮和蓄水的池塘。人们应当始终保持它是活的、流动的和即将可能被填满而永远未填满的状态。

既然拥挤的填写缺乏美感，而作为书写媒介的语言又是忽明忽暗的，人们就有责任规避因为不尽如人意而带来的灾难。与其施加文本过重的包袱，倒不如还文本一身轻松。拒绝过度和填满是桑塔格为艺术减负成功完成的第一项任务。

二、超越与开拓式的写作立场

桑塔格反对二元对立和意义的割裂，她主张价值中立。价值中立是一种意义的悬置和暂时休止。桑塔格不赞同对文本立即反应或立即定义，她希望人们能通过延续审美的体验和思考的过程，

---

① 桑塔格. 激进意志的样式[M]. 何宁，周丽华，王磊，译. 上海：上海译文出版社，2007：27.

享受阅读和冥思本身的乐趣。内容和意义本身并非最重要，而形式和风格自身的价值反而是人们时常忽略的部分。从德里达开始，阐释学受到质疑和颠覆。韩模永认为德里达的反对阐释理论相比桑塔格的理论而言力度更强。桑塔格的理论相对温和，是一种规劝式的建议和策略。他引用桑塔格的"价值中立"一词表达反对阐释的意义，选用得非常恰当。韩模永认为传统的阐释理论"没有跳出传统的形而上学的秩序，阐释就是对意义的发掘和理解"，"它们并没有在阐释的途中发生反叛"。①

（一）作为媒介者的中性立场

反对阐释的任务是解放传统阅读的束缚和还文本自由之身，但游戏的唯一指向，并非桑塔格最终的目标。桑塔格趋向消解文学作品的传统功能性，但并不认同取消其所有的功能性。趣味性、多样性和不确定性是文本被赋予的新物质，但文本一直以来所具备的载体功能也依然有其存在的意义。

1. 反叛中自我意识的撤退

从主体性而论，文本是桑塔格从事严肃文学的载体。桑塔格想表达的是，传统阅读可以传授知识、讯息和价值观念，而现代文本则增加了趣味性、参与性和不确定性。正如她尊敬将反对阐释理论运用得最为娴熟的作家罗兰·巴特尊敬的同时，她也从来不回避承认她最敬爱的作家是典型的阐释杂家莎士比亚。

桑塔格的反对阐释理论可以概括为几句话：肯定阐释理论对获取知识、建构智慧工程的积极意义；摒弃单一的传统阐释实践，主张留白和意义悬置；反对过度阐释、语言和理论霸权；强调回归文本独立性和主体性；强调恢复人对自我感知的信心和想象力的自信；正视人经验有限的不足。韩模永认为："文本仅仅是能指

---

① 韩模永. 从阐释到反对阐释——兼论超文本文学的阅读模式[J]. 广西社会科学，2015（5）：168.

的不确定性，理解文本也不再是追求作品的意义，阅读成了一种能指的开放的、无中心的自由游戏。"①

柯英在《死亡与救赎：卡尔兄弟中的静默美学》一文中具体而有说服力地阐述了桑塔格艺术实践和艺术理论，她认为桑塔格的创作不尽完美，其理论超越了其艺术实践活动。在文章中，她这样说："也许她在影坛上一试身手的成果还不能称之为艺术品，我们也不能武断地要求她的文艺思想和艺术实践完全吻合，不过走进她的作品，会让我们更好地理解她的艺术主张，感受到她孜孜不倦的求索精神。"②同时，她指出在桑塔格的创作里也呈现出"模棱两可"的面孔，即所谓的"静默"的风格，而这恰恰反映了其"探索的艰难和犹豫"。

2. 边界的消失

事实上，这不仅仅体现了犹豫不决，还表现了桑塔格一贯的做法——不界定、不确定和不划界限。所有她所框定的范围都是相对模糊的，大多数她所强调的理论都是找到了某些参照系对比和突显，而没有准确指涉和规划。她往往通过大批量的对照获得某种定义和范围，因此，边界被人为地消解。

柯英提道："她没有宗教的苦痛需要净化，没有个人的愿景需要表达，没有政治的立场需要坚定。这造就了很好的客观性，但同样也导致了感情的贫乏。"③这句话可以进一步商榷。事实上，桑塔格的杂文习惯绵里亮剑，正如诗人需要诗歌表达其美学观点和哲学体系以及政治身份；文艺批评者则借助文学史和文论纵横

---

① 韩模永. 从阐释到反对阐释——兼论超文本文学的阅读模式[J]. 广西社会科学，2015（5）：170.

② 柯英. 死亡与救赎：《卡尔兄弟》中的静默美学[J]. 当代外国文学，2016，37（1）：35.

③ 柯英. 死亡与救赎：《卡尔兄弟》中的静默美学[J]. 当代外国文学，2016，37（1）：35.

列比，阐述自己的立场。桑塔格不谈什么是"是"，只不过是借助什么"不是"来突显"是"的观点，她拒绝被任何力量裹挟。因此，不免遗人诟病，会被批判什么都不表达或什么都不清楚。但真正拨开表层的迷雾，会看到桑塔格文字的力量和表达的意图。

杂文《迷人的法西斯》写得很委婉、含蓄与和气，批判的语气不甚严重。桑塔格用看似介绍的口吻批判了一种奇怪的现象，就是文中所言的"借尸还魂"。为什么桑塔格没有很愤怒和很激动？原因之一在于其本身采纳的正是多元文化观念，她对一小撮不入主流的人群所认同的古怪观念有预先的准备和想象力前提；其二，平和不等于认同，这种平和与介绍式的文风一直是她作为"主持人"和编目式美学风格的重要形式。好好说话，而不是无谓地发泄和倾诉，更有说服力和可信度。桑塔格像一个善于整合材料和编织历史的能手，将被历史遗忘和湮没的材料重新拾起与人商讨，她更像一位见多识广的老人和智者，从根源上剖析，并致力于冷静解决问题，排除所有可能波动的干扰。

（二）未定义的艺术命题

桑塔格根本不围绕一个点说问题，而是广泛撒网、面面俱到，推行发散式逻辑。正如张莉文章中提到的，桑塔格的文本"形同迷宫"，让人很难理清脉络。这种概括十分准确。在文章里，张莉提到桑塔格所界定的"灵性"是"力图解决人类生存中痛苦的结构性矛盾，力图完善人之思想，旨在超越的行为举止之策略、术语和思想"①。"超越"和"解决"是两个核心的动态词汇，表明人们的意旨和决心。因此，"灵性"在桑塔格的笔下有某种功能性。正如其后文中所提及的"解药"一词。艺术是用来疗治和解决麻烦而设定的策略。张莉把宗教、哲学和艺术看作"灵性"的最高

① 桑塔格. 激进意志的样式[M]. 何宁，周丽华，王磊，译. 上海：上海译文出版社，2007：5.

层，并依次做了排序，认为艺术是最直接、处于最下面一层的引领者。

她认为桑塔格把思想和艺术的关系解释为两层：第一层是"思想通过艺术了解自身"，换言之，即艺术为思想的工具、渠道或载体；第二层是"艺术本身不是思想，而是从思想内部发展而来的思想的解毒剂"。[①]这里的二者关系是平等和相互制约的关系，不存在孰强孰弱。前者的艺术更像是一个容器，而后者的艺术既是容器也是容器里的内容。很显然，容器在桑塔格眼里也是重要的对象，正像她曾经论述过王尔德有关瓷器花瓶"有用无用"观点一样，[②]她也是不管容器是否有实践功能性，只要能够提供审美、借鉴和提醒的功能就足够。她认为人们一味尊重和提拔功能性以及思想，是一种偏执。艺术从某一方面可以缓解这样一种偏执，让人们学会如何善待自我最简单和纯粹的感知能力以及如何释放自己对现象的感受潜能。她一再强调，人们看到的什么就是什么，再无其他。

艺术经历"技艺""神圣化"和去神圣化几个阶段，体现了人们对艺术的困惑和思考。在桑塔格看来，艺术最高目标是超越时间的有限性、寻找理想的乌托邦。但同时，她认为无目标的寻找和永恒的超越，最终会趋向虚无主义。她认为，超越和寻找是一种永恒的姿态，正像人是"未定义的个体"一样，艺术也始终处于一个开放的状态，而不断地发问、对照和超越是艺术的使命。桑塔格把"去神圣化"的现代文明视为虚无主义的态度，明显带有现代主义的忧患意识，这也并没有为批评界普遍接受。

---

① 桑塔格. 激进意志的样式[M]. 何宁，周丽华，王磊，译. 上海：上海译文出版社，2007：6.

② 桑塔格支持王尔德的艺术观点，认为形式大于内容，正如瓷器不是用来盛放水或物品的容器，而是纯粹用来观赏的景观，和王尔德所支持的"花瓶"无用论一样，她认为瓷器之美在于其形式，而非物的功能性。

三、沉静与诗意的艺术目标

桑塔格不沉迷于任何一种单一的、诱导式的体验，希望人们能够从无意识的沉醉中抽身，涉及更广阔的艺术体验。因此，反对隔阂、强调打通和联结成为她艺术体验首要的任务。她认为，拒绝任何形式的裹挟，享受艺术的沉静之美是艺术最生动的呈现。

（一）边缘语境下的丰富体验

日常状态下的人常常陷入某种失语、语言断裂的状态之中，并不总像莎士比亚和托尔斯泰作品中的英雄人物一样妙语连珠、滔滔不绝。因此，类似陀斯妥耶夫斯基作品中的空白、断裂和失语则成为现代人表达最多的方式和呈现状态。"虚空"并不是真正的空无一物，而恰恰体现了一种真实、思考、选择的状态和日常生活真实的呈现。毕竟，每个人不可能都成为演说家或一直处于亢奋的状态当中。当热度降低、情绪平复时，人的表达更真实可信、艺术的张力更能彰显。

1. 充盈之清醒

拒绝是为了拥有更多。静默、拒绝趋向某种无限可能性；喧哗与浮躁则预示着脆弱和稍纵即逝。在《走近阿尔托》一文中，桑塔格对阿尔托极尽夸赞，认为"在整个第一人称写作史上，尚找不到有人对精神痛苦的微观结构作出过如此不倦的详细记录"[①]。"受难""残酷""静默"和"超越"成为残酷戏剧和桑塔格之间的联结点。桑塔格在萨拉热窝所演绎的贝克特戏剧最成功的效果正是"静默"和"超越"。观众在听戏和看戏的时候屏住气息，鸦雀无声，一种超越普通个体生命体验的艺术形式以及扣问当下和未来的难题，让所有人陷入集体无意识的沉默和深思之中，

---

① 桑塔格. 在土星的标志下[M]. 姚君伟，译. 上海：上海译文出版社，2006：22.

这正是超越浮躁、不安和焦灼的更为厚重的审美效果。"此时无声胜有声"——桑塔格在改编、导演和制作整部戏的过程中，也介入了静默和新生的过程。这和她一直以来奉行的创作目标是一致的，她认为作家纯粹描写自我的生活，只说自己的痛苦是无意义的。在历史和个体生活中，一个微小的人要做到不被历史和生活的洪流所裹挟，可以将自己试着融入恢宏而深邃的生命体验中去，感知他人的痛和苦难，才能真正从自我的泥淖中走出，获得真正的超越和新生。

不被个人的苦难所裹挟、拒绝历史洪流的裹挟，是桑塔格保持独立和清醒判断力的基础。

2. 延展的边缘体验

阿尔托的戏剧在西方并未像桑塔格所言那么出色和非凡，也许恰好相反，因为桑塔格在某个特定的阶段、以特定的方式找到了与之联结的共情焦点，才使得他的剧本得以光芒大放，桑塔格的引介和阐释让残酷戏剧得以延展和拓深。一个阿尔托的"残酷剧本"很难让我们记忆深刻，但一篇《走近阿尔托》的确让我们对之有了阅读和延伸思考的兴趣。在这一点上，桑塔格再一次充当了媒介者和桥梁的角色。

坎普艺术是抵制裹挟和盲从的一面旗帜，强调艺术产品的稀有和难得。因为，艺术不可能批量生产，不可能通过流水线生产，它的偶得性、稀有性都使得艺术行为变成可遇而不可求的活动。这种所谓的边缘体验是所有从事艺术活动的人必然面临的处境，因为要等待那个特别的机缘并需要让自己始终处于一种相对闭合的凝思和体验状态，坎普以及大多数的艺术行为都变得十分内倾化和"边缘化"。陈星君在《王尔德与坎普》这篇文章里分析了桑塔格有关坎普的理论和王尔德美学的具体实践。他把坎普理解为"一种没有道德功利、没有好坏标准的纯粹审美，作为一种装饰艺术体现在艺术作品中则表现为重风格忽视内容"[①]。首先概括了关于坎普的几种定义。他把坎普界定为"只见于边缘体验者"的边缘体验,"坎普是装饰性艺术,是严肃的废黜和体验的戏剧化……看重风格而忽视内容"[②]。他分析了坎普的有限性和特殊性以及反其道而行之的艺术主张,但是他没有深入地阐释桑塔格另一层含义。从坎普艺术所达成的效果而论,逃离和幽闭正是为了以清醒和独立的姿态迎接缪斯的降临。坎普艺术本身包含着一种富有矛盾的张力,一边是天使,一边是魔鬼,虽然将善、纯净和清扬写到极致,但是又充斥着暴力、恶心和肮脏的东西。它不以哗众取宠为目的,而意在表达自我、释放自我和"恣意嘲弄"[③]。因此,可以想见的结果是,喜欢它的人无条件认同,厌恶它的人会弃之如履。坎普艺术是一个不好消化的艺术形式,它无法批量地生产,同时又满身棱角,它本身致力于反主流,这让它必然走向亚文化,但它的存在像一抹独特的色彩,点缀着平淡的日常生活。

(二)逻辑暴政背景下的无为而治

沉静,可以理解为沉寂。沉寂并非指向死亡、无效和意义的消解,可以表现为宁静、虚空和不喜不乐的平和状态。它和能量的消耗与增值无关,而指向一种诗意的休止和悬置。每个人在特定的社会环境中,再忙碌或再拼搏,都需要一小块属于自己的独立空间,在静默的自我空间里停顿和思考可以让人保持清醒的判断力和充沛的精力。如果人总是忘我地投入到喧哗而骚动的社会活动中而把自己给湮没了,将会真正变成一个没有灵魂和生命力

---

① 陈星君. 王尔德与坎普[J]. 贵州社会科学,2014(9):68.
② 陈星君. 王尔德与坎普[J]. 贵州社会科学,2014(9):69.
③ 李闻思. 关于坎普的再思考——从《关于坎普的札记》到坎普电影[J]. 文艺理论研究,2015,35(5):144.

的个体。

1. 不确定下诗意之对抗

桑塔格早期代表作《死亡之匣》就是一部很好展现诸多不确定性的小说，真实地描述了 20 世纪 60 年代人们普遍的彷徨和迷惑。但是，每个时代、每个年龄阶段的人都会遇到人生里诸多的不确定性，诸如不确定的人际关系、不确定的工作、不确定的社会保障和不确定的自我执行力等。人生的诸多无常、时间的流逝和行动的乏力等因素都会促使不确定的发生。不确定才是生命的本真。没有人可以完全确定地判断自己的行动一定会带来确定的预期效果。这是桑塔格试着和人们讨论人生百态和诸多无常之感的作品，它不交代具体答案，用桑塔格惯用的多线条、时空交错和叙述杂糅的手法打乱传统叙事模式，正像故事在不确定的前提下发生一样，其尾声也同样是不确定的结束。

值得一谈的是，作者似乎认为"沉寂"是应当警醒的，因为它脱离了社会生活，"生命机能逐渐衰竭"。迪迪的状态是消沉的还是平静的——这可能会有无数种答案。社会生活的确是人的生命动力之一。但不可忽视的是人自我沉静、自我吸纳和自我反思，人的独处和静默同样也是输入生命力的重要方式。一个小小的斗室书房、一部可以对话的经典和几百年前先贤留下来的几句千锤百炼的话都可能成为为人注入生命活力的发动机。

迪迪的晃动和不确定性，还包藏着另外一种可能——拒绝被裹挟。信息的洪流、混杂的人群以及一致的声音都可能将他变成另一个迪迪，但他始终在辨别、奔跑和逃离。他的奔跑和逃离，一方面是在和时间对抗，另一方面也在和无效信息和泛滥、过度的价值体系对抗。作品中的每个人都有迪迪逃离和对抗的潜意识，只是在这部作品中，人们的焦虑和恨意被桑塔格用一种错位和叠加的书写方式放大了。迪迪的奔跑让我们联想起汤姆·提克威导演和编剧的电影《罗拉快跑》。这部作品也同样运用了几种叙述口气、几种不同的时空手法，给我们带来更多的想象和思考。那个奔跑而亟待改变现状的红头发罗拉，可爱、生动，有行动力但叛逆，她似乎生错了环境。她的每一个小小的行动与别人无数种行为的干预形成强烈的对比。罗拉和迪迪复原了莎士比亚在《哈姆雷特》中的古老话题："生存还是毁灭，这是一个问题。"罗拉要不要帮助男友？迪迪杀人没有？一样的困惑、延宕和无解。我们在解决他人难题的时候，总是感觉有居高临下的俯视之感和自信，但每一个这样细小的困惑在不同时代都是一种普遍的症状和难题。只不过区别在于，莎士比亚时代的英雄堕入了凡尘成了现代作品里的迪迪和罗拉。他们只能竭尽全力地躲避和奔跑，去寻找生命中新的突破点。这种躲避和奔跑不一定是熵的状态，还有可能是一种用力的回应和争取。

2. 不确定下焦虑之解除

被绑架、被裹挟，进而被吞噬和说一不二的逻辑，统统可以纳入到意向哲学逻辑体系中，存在着逻辑暴政和话语暴政。这是桑塔格对不确定的影响产生的深刻焦虑。她认为，无论这种理论和这种形式从表面上看具有多么强大的迷惑性，它从本质上也摆脱不了侵蚀和压制的特性。唯美主义强调形式上的美学，但这种美是无声、无害、无色无味的诗意的美；而所有那些巧言令色之"美"虽然具有更多的功能性，却也存在更多的侵略性和危害性，体现为侵蚀、暴力和控制。

唯美主义强调独立、特殊和不可复制，在此之外，拒绝裹挟和过度阐释。桑塔格认同王尔德的观点：你看到的什么就是什么。没有更多。她主张一种纯粹的艺术审美、暂时的休止和停顿，规劝人们停下手中的活儿享受日常生活中不经意或精雕细琢的美，关注形式本身，不必兑入更多的功用性和内容。所有的过度和人为的裹挟都是对美的破坏。她主张人们恢复所有的感性体验，给予自己更多的信任和欣赏，而非人云亦云。在这一层面而言，桑塔格希望人们保持判断力的清醒和审美的敏锐，不盲从，在变幻流动的现代生活中拥有自我认知的自信和独立性。这和法西斯主义和极权式审美恰好背道而驰。

消除艺术过重的负担，是桑塔格美学思想的直接体现。她认为，教育大众只是艺术表现的一个方面，桑塔格重视形式，意在表达新感觉艺术，并不是说完全不表达教育和说教，而是指这不是最重要的使命或唯一的任务。她恰恰是要消解艺术形式之上过重的任务，清除艺术作品负载过多的内容和意旨。无为而治，恐怕是用来解释其新感觉艺术最妥帖的词语。同时，无为而治，也是解除其深度焦虑的有效方式。

结　语

审美上的自由直觉、认识上的自由直观和伦理上的自由意志，本质上都是反理性主义的。如果完全强调反对一切阐释，完全强调阅读个体的纯粹感受，会陷入探索的神秘主义中去。自由是框架和原则之内的弹性，而脱离框架和原则，则偏离了阐释的原本轨迹。因此，作为"拒绝"艺术的桑塔格的美学理念，并非僭越美学的框架，完全放弃宏大的叙事图景，将个人体验凌驾于一切之上，而是适度地、多元地、开放地和赏析式地看待个体经验，在以消解一切先验之见为前提的阅读旅程中，把信任和接纳作为认知的首要任务。拒绝表面上是抵制、不认同和逃避的姿态，但从深层面看，它是通过冷静的反思来保持个体的独立性和自主性，使得认知始终保持清醒和平和的状态。因此，"拒绝"的艺术致力于引领人们走出一叶障目的误区。

第四节 从齐奥兰到桑塔格
—— 谈桑塔格与齐奥兰札记体文本的互文性

齐奥兰[①]与桑塔格偏爱并擅用札记体书写。齐奥兰开启了开放式文本的各种可能性，给予桑塔格艺术尝试的机会。本质上，齐奥兰认同虚无主义立场，消解艺术的真义与结构，追求解散；而桑塔格则信任一部分，并追随固定而克制的结构与理念。齐奥兰"去中心化"形式的札记是一种深深的怀疑、否定和拒绝，体现他对现实世界的不信任和对自我的质问；而桑塔格"去中心化"式札记则是她一如既往的"多元主义"主张。去中心化，对于齐奥兰而言，既是手段，也是目标；而对桑塔格而论，这只是手段，即形式，而非目的。他们的文字不喜取一中心，随性泼洒，各自为阵，但又隔空回应，体现出精彩而丰富的互文性。

作为深谙散文和札记书写之道的两位现代思想者，桑塔格和齐奥兰的作品或尖锐、或含蓄、或游移、或徜徉，喜欢在东方西方、南学北学之间恣肆漫游。桑塔格和齐奥兰文字的对读更像是一场漫步者的相遇。桑塔格热衷于妙语、警句式的表述方式，正如其在《"自省"：反思齐奥兰》中所言："另一反响是一种新的哲学化：个人化（甚至是自传性的）、警句格言式的、抒情性的、反体系化的。"[②]她认为："齐奥兰（Cioran）是这一传统在当今最

---

① 齐奥兰（Cioran）又译齐奥朗、萧沆，见高兴编译的《齐奥朗文学随想录》（《外国文学动态》2003 年第 3 期）和宋刚翻译的《解体概要》（浙江大学出版社，2010）。

② 桑塔格. 激进意志的样式[M]. 何宁，周丽华，王磊，译. 上海：上海译文出版社，2007：84-85.

出色的代言人。"[①]

一、格言体箴言之选择

齐奥兰认为格言体札记敢说真话、直指要领，有着果敢的勇气和清醒的判断力，正如他在《箴言家的秘密中》所言："箴言家因为处于幼稚的反面，处于真实和完全的存在的另一头，所以会在一种面对自我和他人的状态中劳作，他那么爱开玩笑，在那么一个满是话中话的天地，所以他无法忍受人们为了生活，自然地接受并且纳入了他们的天性的那些虚伪。"[②]而桑塔格的文本分为小说、札记、戏剧和日记等内容，其中最淳厚、富于层次性的读本莫过于散文和札记，在批评界回应最为热烈。其知识之密集、思路之开阔以及阐释之丰富，颇有百科全书派的风格。桑塔格酷爱读书，习惯性跨界，对欧洲的文化潮流敏锐且有洞察力，能够穿透晦涩的迷雾直指问题所在。二者不约而同对格言体箴言形式的选择，体现了他们美学理念的内在一致性。

（一）形式的承继：碎片化美学风格

在《解体概要》里，齐奥兰将全书分成六个部分："解体概要""伺机思想者""衰败千面""绝对之鬼脸与神圣""知识的布景""退位"。他开宗明义表达了自己有关解构的目标，因此，全书意在表述分离、解构和虚无。他比桑塔格更为抽象和简义，完全随意地谈及他关注的话题，不考虑阅读者的处境、不设计布局且不追求别致的美学效果。在《解体概要》中，他讨论了关于生与死之间一切的话题，但他并不串联和归总每一主题，事实上，狂热、二元对立、幸福和叛逆等话题一直在反复出现，穿梭于各个部分

---

① 桑塔格. 激进意志的样式[M]. 何宁，周丽华，王磊，译. 上海：上海译文出版社，2007：85.

② 萧沆. 解体概要[M]. 宋刚，译. 杭州：浙江大学出版社，2010：266.

之中，没有严格整合和归类。齐奥兰在讨论这些问题的时候，更像是在散步时有所顿悟，受灵感启发，往往一蹴而就，缺乏严密和耐心的逻辑训练。甚至，值得我们怀疑的是，他本身也并不认同严密的叙述逻辑。与此相对应的桑塔格，行文风格和齐奥兰极为相似，但她比前者更为丰富、缜密和细腻。在《"自省"：反思齐奥兰》中，桑塔格这样说道："这种现代后哲学的哲学化传统的出发点是认识到传统形式的哲学话语业已破碎。留存下来的可能大多是破碎的、不完整的话语（格言、笔记、备忘录）或是可能变成其他形式的话语（寓言、诗歌、哲学故事、评论注释）。"①她肯定齐奥兰的同时，自己也是这样大胆尝试。在《戈达尔的〈随心所欲〉》一文里，她将文章分成 17 节，并且加上了一页附录。这篇文章看起来更像一篇认真的读书札记，对法国导演戈达尔电影艺术进行归总，分别讨论了"复现""证据""形式""手法""证实""插曲"和他的败笔等问题。文章有内部逻辑性，但每一部分都在向外扩展。事实上，每一个部分都可以脱离前后文本独立存在。她的每一节内容并不均衡，不完全符合传统美学的风格；有些部分丰满，而有些部分则缩写到惜墨如金的地步；段落的分割体现出极大的自由度和随意性，而且似乎并不是一时一地完成的内容，似乎是作者在经过数次停顿之后的起笔和承接，有断裂和碎片化的特点。

桑塔格和齐奥兰在札记书写中体现出极大自由性和主体性，他们唯一遵循的原则是"情愿"，因此他们大段地纠缠于一个问题，也会对另一个问题轻轻带过，给予文本较多的弹性。齐奥兰的札记体文本要比桑塔格早了数年，为后者提供了创作范本，更进一步说，他为桑塔格提供了札记体书写的信心。正如她在《"自

---

① 桑塔格. 激进意志的样式[M]. 何宁，周丽华，王磊，译. 上海：上海译文出版社，2007：85.

省"：反思齐奥兰》文中所言："在英美知识界从事理论研究的人之中，惟一在智性力量和广度上可与齐奥兰相比的只有约翰·凯奇。"①她认为他们都是在运用"碎裂、格言式话语的思想家"。她在接受加拿大记者访谈时，谈到"显得特别现代的东西，如思想单位、艺术单位、话语单位，都是碎片；引语也是一种碎片"，"最终思想都是随性情或随感受力而产生的，它们是性情的结晶或沉淀"。②很显然，一种主情色彩浓重、不管不顾且怡然自得的文本不能够很好地取悦阅读者，也容易给人留下随意和涣散的印象，对于接受者的耐心和逻辑能力都提出较多的挑战。齐奥兰箴言体札记背后体现了他的自信；而桑塔格则执意认为，札记书写更顺应日常语言碎片化的事实。齐奥兰需要别人听他宣教；而桑塔格则把札记体书写理解为一种更贴近自然状态的表达形式。

（二）暗自契合之真义

齐奥兰并不肯定和推崇哲学，甚至他对哲学家恶语相加，认为哲学"带着一种可疑的深刻"③，甚至主张"永别哲学"。而事实上，齐奥兰所言和所为是背离的，他在各个哲学流派中汲取了丰富的敏锐、洞察和冥思的能力，并和不同时代人们的想法不谋而合。他认同中国的道家智慧，认为"只有中国才在很久以前便达到了一种精致的智慧，远远地超过了任何哲学"④。在《忙碌的丧期》里，他对"丧期"的阐述颇接近于加缪关于"墙"的理论。在《解体概要》一书里，有关"狂热""教条""叛徒""孤独"和"堕落"等问题的讨论，彰显出其深厚的哲学功力，体现出其

---

① 桑塔格. 激进意志的样式[M]. 何宁，周丽华，王磊，译. 上海：上海译文出版社，2007：99.

② 桑塔格. 苏珊·桑塔格谈话录[M]. 波格，编. 姚君伟，译. 南京：译林出版社，2015：133-134.

③ 萧沆. 解体概要[M]. 宋刚，译. 杭州：浙江大学出版社，2010：75.

④ 萧沆. 解体概要[M]. 宋刚，译. 杭州：浙江大学出版社，2010：70.

缜密的逻辑性、语言的驾驭能力和干净的文风。在《解读堕落》一文中，他写道："生命就只是在一片没有坐标的大地上响起的一阵喧哗，而宇宙则是一种患了癫痫的几何空间。"①这让人联想起莎士比亚在《麦克白》里的长篇大论②，但齐奥兰的论述更为凝练和不恭，展现了人到中年的戏剧家在有限生命里对无限时空的虚空感。齐奥兰站在前人肩膀上俯视一切，极度自尊，亦极度消沉，他说："人没有能力不迷失。他的征服与分析本能，只想扩张自己的帝国，然后再分解其中的一切；他为生命添加的东西，都会反过来与生命作对。"③他像哈姆雷特一样看透了生命虚无的本质。哈姆雷特用"胖国王""矮胖子"和"一道桌上的两道菜"形容人生命的脆弱和荒诞，讽刺、揶揄人如"尘土"般虚无，和齐奥兰的思考有异曲同工之妙。在《极度损耗》里，他说道："要让话语变得新鲜，人类就得停止说话：人类本可以更好地利用符号，或是更有效地去求助于沉默。"④

桑塔格在小说和戏剧文本中早已开始实践她的美学主张，诸如采用流动式的时间、空间，破除一维的审美视角，介入无数个叙述主体，不断引入旁枝错节，干扰和破坏传统阅读步骤。在《恩主》小说里，有几个人在同时说话，有梦境和现实几重情境，同时有无法甄别真伪的故事结果。想通过阅读获得唯一答案的阅读者会深感困惑，而这样的困惑正是桑塔格需要人们获得的审美效果。八幕剧《床上的爱丽斯》里，没有具体的时间，空间是开放而流动的。其中，唯独可以确认的地点是病房。她把古代、近现

---

① 萧沆. 解体概要[M]. 宋刚，译. 杭州：浙江大学出版社，2010：27.
② 莎士比亚借麦克白之口展开了旷世的讲演："人生不过是一个行走的影子，一个在舞台上指手划脚的拙劣的伶人，登场片刻，就在无声无息中悄然退下；它是一个愚人所讲的故事，充满着喧哗和骚动，却找不到一点意义。"（《麦克白》第五幕第五场，朱生豪译）
③ 萧沆. 解体概要[M]. 宋刚，译. 杭州：浙江大学出版社，2010：195.
④ 萧沆. 解体概要[M]. 宋刚，译. 杭州：浙江大学出版社，2010：260-261.

代、真的、假的人物全部拉到一起，给予她们对话的可能性。打破规矩、不断横向拓展和游离，是她在文学创作中的核心任务。与此对应的是，札记体书写打上了其一贯的美学烙印。并不是所有的散文都脱离了具体的情境，但其大部分文本倾向于摆脱程序和形式的干扰。她引用德国新哲学思想的一句话："格言或永恒。"她认同这样一种支离破碎，肯定其"沉思冥想"的特点。在其看来，她的文本为自己和他人提供了联结和拓展的可能性，力主跳出单一的范围寻求更多的碰撞，而不在意结果和结论。

值得关注的是，桑塔格的沉默与齐奥兰对语言的怀疑和对沉默的信任遥相呼应。

也许，正因为齐奥兰和自己在美学观念中有暗自契合的案例，也可能是她想诠尽前人未完成的观念，桑塔格将齐奥兰视为自己美学试验的标本，她精心地模仿了前者的箴言体形式，又巧妙地规避了其不周全和不成熟的毛病。借助齐奥兰的文本，人们可以试着追溯桑塔格美学理念的源头，深挖现代美学理念各种实践尝试。

二、漫步者的游牧世界

齐奥兰的札记体专著《解体概要》体现了漫步者的穿梭和游移；而与此相对应，在桑塔格的札记体专著里，同样没有一条明确的线索串联其散见的文本。从西蒙娜·韦伊、加缪、米歇尔·莱里斯、卢卡奇、萨特、纳塔丽·萨洛特、尤内斯库、阿尔托到戈达尔等，几乎前沿和最有研究价值的名字都被她一网打尽，其叙述的风格是一种外向型、发散性的开放体例，习惯以跳跃、流动和网状拓展方式铺陈和评述，这些对于阅读者的知识储备和思考能力是一个巨大的挑战。

（一）相似的领域："去中心化"的游牧空间

1. 抵制狂热

齐奥兰追求的是一种抛弃一切条件、外围、人情和时间的冷却，一种彻底的自我放逐；而桑塔格在描述狂热的同时，努力拦截和控制它。

狂热和冷却是一组反义词；狂热的标识是说一不二、唯我独尊以及僵化和固执。世界纷繁、多元的交换系统是狂热信徒所接纳和认同不了的部分。齐奥兰认为："堕落，如果不是追逐一种真理，并坚信已握它在手，如果不是热爱一套信条，在一套信条中建立一切，那又是什么呢？狂热便由此而来。"①齐奥兰反对狂热，提倡理性和冷漠，坚决排斥任何形式的僭越和剥削。为了捍卫自我一小撮可贵的精神利益，他认为任何努力都有必要。在这一点上，他和桑塔格有内在的一致性。

"一个放开的精神，是厌恶悲剧与巅峰的：桂冠和粗俗跟平庸一样令他感到烦闷。走得太远，那必然是格调低下的一种表现。一个有品位的审美家会觉得鲜血、崇高、英雄，都同样恐怖……他应该还只喜欢那些好开玩笑的人……"②齐奥兰认为英雄主义的背后隐藏的是鲜血和屠戮，一味地崇尚英雄主义是一种狂热。桑塔格也同样认为，极权式的"英雄主义"在某种情形之下，会伴随着判断力的衰减和权力的武断，是"狂热"的消极反映。她认为，人们往往沉迷于这样一种"狂热"，那就是对自己失去的东西和犯下的过错一无所知，而事后想起时却会后悔莫及。与此呼应的是，齐奥兰也认为，"生命是我千种迷恋的所在：我从无动于衷之中抢夺下来的东西，几乎都立刻又归还给了它"，"我品尝着

---

① 萧沆. 解体概要[M]. 宋刚，译. 杭州：浙江大学出版社，2010：5.
② 萧沆. 解体概要[M]. 宋刚，译. 杭州：浙江大学出版社，2010：149.

永恒，而他们却湮没其中"。①他努力与一切可能产生迷恋和依赖的客体保持距离感、陌生感，坚持自己的独立判断，这一点难能可贵。相比于着力和"狂热"较劲的桑塔格，齐奥兰身上的抵制方式更接近于中国魏晋名士们的"清风道骨"和"散淡无为"。

完全的中立是不可能的，因为每个人都会带着先见表达自我的立场，语言和想法于是也被"污染"了，而理性和狂热之间的边界是衡量污染程度的尺度。当文字彻底脱离冷静、理性和节制，狂热和迫害则在所难免。冷却是狂热的镇静剂，是钳制失智和频繁越界的阻力。就像奥兹在《如何治愈狂热》一文中所谈及的那样，他认为理性、换位思考和想象力是治愈狂热的"幽默感药丸"。②

在《文明与轻狂》一文中，齐奥兰写道："轻狂是有些人对抗自己'是己所是'这一病症最为有效的解毒剂：靠着它，我们可以愚弄世界，掩饰住我们的深刻对世人之失礼……我们冰心聪明的敏感，会是他人怎样的一个地狱啊！"③后半句是应该有特定历史背景的，但这一段是什么我们不清楚。齐奥兰到底经历了什么样深刻的促动才有了这样激越的表述，我们也不甚了了。但众人皆醒我独醉的说辞，倒十分生动。"失礼"和"冒犯"一直是齐奥兰在文章里重复的词汇，表达了他对嘈杂而强势输出行为的厌恶。为了表达对这一冒犯无比强烈的厌恶，他用了强烈的、表达愤怒的词语，因此，这样的表述也使得他的文章带有浓重的情绪化色彩，有点偏离方向。

2. 消解边界

齐奥兰主张一种无观点、无坐标、"胶状存在"和"蜡作"的

---

① 萧沆. 解体概要[M]. 宋刚，译. 杭州：浙江大学出版社，2010：215.
② Amos Oz. How to Cure a Fanatic[M]. London: Vintage, 2012: 74.
③ 萧沆. 解体概要[M]. 宋刚，译. 杭州：浙江大学出版社，2010：13.

宽容和接纳，彻底消解边界。桑塔格的文体也主张消解边界，但她的文本内核是坚固而有形的，有可能她取的只是齐奥兰的形和意，但内容并未完全借鉴，这是二者本质的区别。齐奥兰认为立场和原则只是狭隘、局限和狂热的代名词，应该打破既定的框架、获得无限的体验。齐奥兰总是在提供一种设想，但他并无法准确描述获得无限后的"蓬勃发展"会是怎么样一种情况。他只负责消解，不过问结果；更准确地说，他并不关心结果。在他看来，也不可能有结果。桑塔格同样也不具体描述解决方案，但她会反复描绘有可能出现的图景，她不擅长概括和定义，但她如同画家一样长于描绘；齐奥兰连图景都省去了。桑塔格不说"什么是"，而说"什么不是"；齐奥兰对于"是"和"不是"都懒得说，既不定义也不想象，只负责对过去、当下和未来进行消解。一个只说"不是"但又没有具体方案的学说，很难为人普遍接纳。其思想的边界面临被瓦解的可能性，因此，必然会走向虚无主义。

桑塔格主张开放和消解边界，而这种消解是有限度的，并非完全意义上的观点中立，她只是借用了形式上的中立、搁置和开放，但依然保持独有的立场。桑塔格、本雅明和齐奥兰都提到过单向度问题，这种单向度在特定的语境下可以理解为单一逻辑、单向思维，是和多元维度相反的偏执和狂热，因此，他们表示坚决反对。

3. 反一元暴政

托尔斯泰在《战争与和平》尾声部分对战争发表了一段长篇大论，他认为"现在的历史问题正如当年的天文学问题一样，全部的意见分歧就在于承认不承认一种绝对的单位作为看得见的现象的尺度"。[①]这一点上，齐奥兰和托尔斯泰观点一致。他们都认

---

① 托尔斯泰. 战争与和平[M]. 刘辽逸，译. 北京：人民文学出版社，2004：1334.

为后期的添油加醋和种种过度解释掩盖了历史的原貌与真相。因为，有的时候，人们书写过去时更喜欢把历史写成自己想象的模样。托尔斯泰对拿破仑身份有多元视角的剖析，富于层次性，破除了历史只有一种解说的怪圈，认为无数种不可控因素成就了一个不可估量的历史结果。托尔斯泰认为无论是亚历山大还是库图佐夫或者拿破仑，都是历史长河里一个微小因素，甚至是极为被动的力量。莫斯科被焚、拿破仑在俄罗斯的溃败，从表面上看都是个别大人物的命令和旨意达成的结果，但从深层次看，它们都有无数偶然因素中的某种必然理由。而少数几个人只是成了历史效能中的直接推手，成了"罪过"和"功绩"的幌子。值得关注的是，托尔斯泰以辛辣的语言毫不留情地揭示了造"神"运动中拿破仑的原型——不是"神"或"大英雄"的普通人，也微妙而曲折地讽刺了另一个被捧出来的"神"——亚历山大。当然，他的批评显得温和与隐晦得多。托尔斯泰在《战争与和平》中最大的发现是狂热及英雄崇拜背后的无力和苍白，因此，前半部分写得远远不如后半部分生动和鲜活，因为那些看似微不足道的民间生活和生机盎然的平凡人物才是最有力量的部分。而他们唯一的不足恰恰是他们对自己的创造力和行动力一无所知，却依然在生动而有效地为改变历史担当着看似微不足道的职责。

4. 永恒的故乡

"温暖""不确定""多元"和"抽象"是齐奥兰《解体概要》中出现频率较高的几个词。即使家就在眼前，人们仍然会吟唱故乡的歌曲，因为确定的、当下的故乡并不能完全取代每个人心里的精神故乡。这也是许巍《故乡》受当下听者喜欢的主要原因。那一个无限的、不确定的、宽厚和忧愁的"故乡"永远在别处，比当下、此地的故里给我们的想象多得多。桑塔格在《中国旅行计划》里对素未谋面的故乡——中国的期待以及她对美国文化的失望和对欧洲精神故土的认可，都可以从这个层面中获取更好的理解。奥兹也把自己的精神故乡定为欧洲，虽然他深情地眷顾着脚下的以色列国土，但远处的"故乡"成为作家和艺术家追寻的主题。正如齐奥兰在《孤独——心灵的分裂》中所写："在乡愁诉求当中，人所欲求的不是一种可触可摸的东西，而是一种抽象的温暖，在时间上是多元的，而且几乎接近某种天堂般的预感。一切不肯接受存在所是的事物，便必然陷溺于神学。乡愁则只是一种情感的神学，在其中，绝对是用欲望的元素建构而成，而上帝则是由哀愁打造出来的不确定。"[①]

（二）漫步者遐思

1. 漫步者——"一个外地人"

齐奥兰把自己自诩为"一个外地人"，去除了国家的边界，成为一个模糊身份的"世界公民"，一个可以任意在各个国境线上穿梭自如的无名者。东方诗人泰戈尔也向往成为世界公民，但他的核心目标是大同、平等和喜乐；齐奥兰则任性地消解一切身份，不用任何既定的约束，随心所欲，他把自己看作"一个外地人"，正如他喜欢用诗的语言表达想法，因为诗可以让人站在外面看、站在别处审视文本，他以这样一种符号关系确定了自己和他人的关系——丝毫不介入、冷眼旁观并且随时准备撤退。从社会功能层面而论，这个"世界公民"的确是个废物，因为他和任何一种社会团体之间的纽带十分脆弱。没有人能指望他切实地做点什么。正如他在《一个外地人的磨难》一文所言："他只站定在一场不朽的暮色之中，作为一个世界公民——但不是任何一个世界的公民——完全地无用、无名又无力。"[②]他什么也不代表、什么也不声明、什么也不付出并且什么也无动于衷。因此，他的磨难既

---

① 萧沆. 解体概要[M]. 宋刚，译. 杭州：浙江大学出版社，2010：52.
② 萧沆. 解体概要[M]. 宋刚，译. 杭州：浙江大学出版社，2010：166.

是他一次一次的流亡，也是他向往的喜悦。这让人联想到德勒兹的游牧思想——边走边看。

"当一个民族的血脉中再没有任何一种偏见的时候，他还拥有的资源就只剩他自我分解的意志了。""'距离感'从此便成了他的禀性。"①他认为分解是文明发展的必然态势，而"距离感"是个体的人对事物保持理智的判断和冷静思考的一种概括。因此，不迷信、不盲从以及不崇拜亦显得极其珍贵。正如他所说的："他诀别了激烈昂扬、抒情浪费、多愁善感和盲目顺从。"②在一个对万物持有距离感的人那里，文字不会变形、离奇和夸张，一切都更加接近原初和历史真相。

2. "看""漫游"

齐奥兰超越了时间和空间的局限，探讨了人的本质属性。这种对环境本能的畏缩和恐惧，是每个时代、每个环境中人所共有的，但是他和桑塔格所向往的观看、在路上和旅行写作有本质的区别。桑塔格认同游历、观看的意义；值得借鉴的是，桑塔格以冷眼旁观的态度点出了现代生活无意义的一面，讨论了存在的价值和意义，给自以为是、沾沾自喜的人一个冷静的提醒，而齐奥兰则认为千篇一律，并无新花样，倾向于"无为而治"。

在桑塔格的心里怀有着崇高的信念，她在《朝圣》和《中国旅行计划》以及《床上的爱丽斯》中都呈现了华丽的梦中漫游场景。桑塔格笔下的漫游和旅行并不是消解行动意义的游逛，不是沮丧的、漫不经心的消遣，而是带着好奇心、先见和希望的探索和尝试，是一种更为宏观的开放式的探求，是为自己的精神世界注入新鲜的活力的努力。这种马不停蹄、兴奋和目不暇接的旅行对于哲学家齐奥兰而言，则是疲劳无效的、消解性的活动，包括

---

① 萧沆. 解体概要[M]. 宋刚，译. 杭州：浙江大学出版社，2010：188.
② 萧沆. 解体概要[M]. 宋刚，译. 杭州：浙江大学出版社，2010：188.

旅行本身的意义于其而言也并不成立。

3. 逃离

逃避，并非齐奥兰最终的选择，因为他认为逃是无意义的。因此，在《漫步外围》一文中，他为自己解释："遇上的依旧只有它自己，还有在面对虚空招唤时，自己的无从应对。"①桑塔格在《中国旅行计划》和《假人》中都曾提过相似的逃离话题，但是她却用树洞、分身来尝试解决这一难题。后者更倾向于一种具体务实的逃离手法，区别于齐奥兰形而上的做法。

"靠毒来'救'自己，在祈祷与罪恶的冥然合一里，逃出世界，并同时蜷曲其中……这就是亚历山大文化全部的苦涩之所在矣。"②亚历山大文化接近于中国诗歌里的"临安体""江南风韵"，是诗人心中迤逦的诗意逃遁。逃离不光是齐奥兰文本的主题，也是桑塔格作品的主题，因为人人都有一个远处的理想国。

齐奥兰认为爱和理智是矛盾的，正如迷醉和清醒是对立的一个道理。他认为只有自我放逐才能与真理接近，这一点让人联想到刺瞎双目放逐自己的俄狄浦斯王和被唾弃而流放的俄瑞斯特亚，以及寻求起义的悉达多。因此，逃遁成为作家们创作里永恒的主题。

"我要辞掉行动与梦想！了无踪影将是我唯一的荣耀……把'欲求'就此从字典和灵魂中划掉！"③这和桑塔格《假人》中的辞职很像，同样地厌倦、逃避和"了无踪影"。但桑塔格的辞行似乎还不够彻底，因为那个真人偶尔还会回来拜访一下，然后再度离开，如此反复。显然，桑塔格没有齐奥兰来得彻底和决绝。

---

① 萧沆. 解体概要[M]. 宋刚，译. 杭州：浙江大学出版社，2010：35.
② 萧沆. 解体概要[M]. 宋刚，译. 杭州：浙江大学出版社，2010：184.
③ 萧沆. 解体概要[M]. 宋刚，译. 杭州：浙江大学出版社，2010：38.

4. 善意的延宕

"当一个神话开始哀愁、变得苍白，当其支撑机制变得温和、转向开明，各种问题便有了一种怡人的弹性。信仰的薄弱环节及其日益式微的活力，在灵魂当中安置了一种温柔的虚空，使它们变得更为开放……"[①]齐奥兰的文字体现出忧愁、犹豫不决，他反感狂热、直接，认同哈姆雷特延宕的行为。"犹豫不决"是因为善良和为他人考量得过多而引起的道德负担，体现了换位思维和利他精神，他认为一个行动力缺失的人对他人没有伤害力和破坏性，这本身就是一种善良。这是一种相对开放和多元的视角。在《狂热之谱系》一文里，他这样写道："像哈姆雷特那样犹豫不决的心灵，从来不曾伤害过谁：邪恶的原质就在人的意志的张力当中，在他不解寂寞闲静的低能中，在他普罗米修斯式的狂妄自大中。"[②]罪犯可以干净麻利地杀人，是因为他没有过多的道德负担，而善良的人却因为过重的道德负担而畏首畏尾、摇摆不定。

善意的延宕，同样体现在二者标榜自己是文化游民、流浪者的身份这一问题上；他们趋向于"去中心化"的文化立场；他们更注重游历、观看和过程，并不一味关注内容和结果；提倡文本与文本之间的自由空间和留白。与齐奥兰不同的是，桑塔格的文本明显注重丰富文本中具体的时间、地点和诸多叙述细节，不同于前者偏向于哲理性的探讨、有关生与死之间一切话题的争辩，她更注重每个细节，将"游牧"生活过得更丰富和具体一些。

三、解构与拒绝之要义

（一）迂回的"间接动物"

因为自我的不确定，人总是通过迂回曲折的他者参照系来界

---

① 萧沆. 解体概要[M]. 宋刚，译. 杭州：浙江大学出版社，2010：134.
② 萧沆. 解体概要[M]. 宋刚，译. 杭州：浙江大学出版社，2010：4.

定自己，这种迂回获得了知识和自我方位感，也让人养成了迂回的习惯，总是偏爱迂回多于直接。齐奥兰认为这是人区别于其他生物的社会属性，但也是讨厌和无趣的特质。人们对直接的表述总是不信任，更相信迂回，因此成为"间接动物"。这一点，和桑塔格的做法颇为接近。桑塔格很少用"什么是什么"的表述方式界定一种定义，更习惯通过表述"什么不是什么"的方式，即通过否定和排除的方式定义。

齐奥兰崇尚的是"云中漫步""万花丛中过，片叶不沾身"。"否定"是他的主张。他不说什么是"是"，但通过"不是"来构建自我的思想体系。这种"漫步"的做法接近桑塔格桥接和旅行文字的主张，但前者否定一切，通过否定构建的做法不同于后者。桑塔格并不否定一切，她不属于悲观主义、虚无主义者，唯独相似之处，她也不通过什么是"是"构建理论体系，而是通过一段一段的描述编织她的理论框架，零碎、繁复，但详尽而不厌其烦。正如齐奥兰在《衰败千面》中所言："亚历山大文明是一个学问高深的否定时期，一种无用性与拒斥性融会贯通后的风格，一次博学与讥讽并行的漫步，穿越价值与信仰之混乱状态。"①

（二）解构权威

1. 不做老师

桑塔格多次表述自己与做老师相比，更喜欢做学生。但她这种表述仅仅停留在表面上而已，她著书立说必定要收获大批的认同者和追随者，而这正是她创作的动力之一，因此，桑塔格并未真正如她自己所言拒绝"做老师"。而作为犬儒主义的捍卫者，齐奥兰本质上拒绝教导任何人，不要当任何形式的导师和知识的权威。桑塔格不愿意留在大学里做一名专职教师，原因更多在于教

---

① 萧沆. 解体概要[M]. 宋刚，译. 杭州：浙江大学出版社，2010：189.

职干扰了她的写作自由和表达自由；齐奥兰的拒绝根本原因在于他根本不在乎任何形式和身份，主张消解一切名头。桑塔格需要更多人的理解和倾听；而齐奥兰尊崇"天犬"那样的狂吠者，只享受狂吠本身的自由、任性和无所顾忌。前者是为了一个目的解释另一种选择，后者则放弃任何一种选择。

　　齐奥兰和桑塔格都拒绝说教、独享自由和强调维护自我的空间。好为人师的确是个坏习惯，但是尊重知识和尊重师者与好为人师是两码事。在人类走向理智之路的旅程中，智者和知识是引领人们走出盲区的向导，正如引领但丁走出黑暗森林的维吉尔和被学生布瓦格纳苦苦追问的浮士德，他们都是不完美的，其知识体系是有缺陷的，但他们依然可以承担起作为师者的身份，这正是因为他们苦苦追寻、不止于足下、引领自己和他人不断向上攀升，这种引领的价值远远超越他们有限的世俗身份。齐奥兰在强调好为人师是个问题的同时，的确没有阐明"师道"的定义。

　　这个推翻权威、拒绝做老师的想法和桑塔格在杂文中的看法如出一辙。桑塔格不自觉地追随了齐奥兰的观点，但是桑塔格口头说着不想做老师，而行动的确表现出好为人师的倾向；齐奥兰却坚持把孤家寡人做到底，其行事和做文章都惯有着一股"不近人情"之清醒。以色列作家奥兹在杂文中也提及过类似的观点，他曾经说过以色列"已经是拥有 800 万人口的国家，800 万总理，800 万先知和弥赛亚。每个人都想用最大声说话，没有人想听，除了我。我有时听。这是我生存之道"①。在自以为是、人人表达的时代，这是一个全新的议题。

　　齐奥兰认为塑造权威的时间有多漫长，推翻权威所花的时间就有多漫长。现代社会里造"神"活动并没有过去那么容易。他

---

① Amos Oz. How to Cure a Fanatic[M]. London: Vintage, 2012: 100-101.

认同李尔王和哈姆雷特式的"胡言乱语"以及尼采式的狂放和破坏力，但不喜欢后者老师的姿态。他在《诗人的寄生虫》一文中说道："智慧的勇气和做自己的胆量，不是在哲人学校，而是在诗人课堂才可能学到……想想可曾有过一个思想家走到了跟波德莱尔一样远的地步？或有哪一个哲学家胆敢把李尔王的冲天豪情，或是哈姆雷特的长篇独白变成一个系统吗？也许尼采在他的结局之前曾经做过吧，可惜的是，他还死命要弄他那些预言家的陈腔烂调……"①

2. 破除权威

去除一切权威、一切中心，这是齐奥兰的理想。他为人的自信和欲望感到羞耻。他甚至这样说道："天天跟我们打交道的人都是些暴君：每个人——根据他自己的能力——都试图为自己找到一帮奴隶……好实现自己的权威之梦。"②

控制与被控制是相对的。人对一件事情投入的时间和精力成本越多，他对确定这件事的胜算会越多，但是他被这个事物控制得也越多。施加力和受力是相辅相成的，在这一点上，齐奥兰主张做减法，他认为只有减除更多的欲望、负担和控制，人才能最大限度地获得自由，这种做减法的做法和中国佛教和道家思想是相通的。他在《衰败千面》里这样写道："对权威与控制的渴求已经占据了他太多的灵魂，当他成为一切的主人时，他就不再能控制自己的终结了。""人没有能力不迷失。他的征服与分析本能，只想扩张自己的帝国，然后再分解其中的一切；他为生命添加的东西，都会反过来与生命作对。"③"每个人身上都沉睡着一个先知，他醒来时，世上就又多了一分邪恶……""人人都在派送幸福

---

① 萧沆. 解体概要[M]. 宋刚，译. 杭州：浙江大学出版社，2010：164.
② 萧沆. 解体概要[M]. 宋刚，译. 杭州：浙江大学出版社，2010：176.
③ 萧沆. 解体概要[M]. 宋刚，译. 杭州：浙江大学出版社，2010：195.

的秘方，所有的人都想引导所有人的步伐⋯⋯以致把自己的‘我’变成宗教⋯⋯”①

　　正如研究张爱玲的学者张均所言：“怀疑启蒙、理性、科学，回到人的内心，怀疑主义，没落主义，不可靠近，不可理解，不可琢磨，是‘反现代性’的标识。”“个体和大地之间是断裂的，末日情结的描绘”让人们“不再关注启蒙、理性和历史等重大话题”，②齐奥兰也是一位自认为站在历史深渊旁边的一个人，他的内心和中国古人的“虚空感”暗自契合，感叹时间带给世人生命的悲伤与怅然。“人生不满百，常怀千岁忧”③，这种愁绪与哀感使得齐奥兰的文字带有清冷而孤寂的风格，但与此伴随的问题是，拒绝一切经验的向导，会让人们陷入到过度的、盲目自信的虚无主义当中。

（三）“反对阐释”背后的诗意信任

　　与戏剧、小说和诗歌的浓烈淳厚相比，散文和札记一直处于清淡闲适的语境之中。从蒙田的随笔开始，到后来传教士游历札记传播，直至日本近现代厨川白村等散文的兴起，人们才越来越多发掘出其宁静、深沉而隽永的艺术体验。散文和札记形式自由、表述轻松且不着痕迹，体现出富于张力和弹性的美学风格。札记体文本中不乏优美、雅致且灵动清透的生活体验，诸如清少纳言的《枕草子》、胡安娜·伊瓦沃罗的《清凉的水罐》以及丰子恺的《缘缘堂随笔》等；又不乏深刻、沉思且凝练的警句汇编，如马可·奥勒留的《马上沉思录》、托尔斯泰的《生活之路》和朱光潜的《谈美》等。散文和札记倾向于信任语言本身的力量，拒绝添

---

① 萧沆. 解体概要[M]. 宋刚, 译. 杭州：浙江大学出版社，2010：8.
② 张均在《张爱玲十五讲》（广西师范大学出版社，2022）一书里，专门讨论了虚无主义、后现代主义以及“深永的悲哀”等话题，与齐奥兰的虚无主义论述有相通之处。
③ 源自东汉的《汉乐府·西门行》，表达了人对时间离逝的感慨和对当下生活的寄望，表现了对有限生命和无限时空的愁叹和忧思。

加作料和过度阐释。齐奥兰和桑塔格在各自的札记体文本中都倾向于传达诗意本身，强调享受直接的美的过程。

在《音乐与怀疑主义》一文中，齐奥兰写道："音乐这虚幻与绝对之极限个案，这无限真实的虚构，这套比世界还真确的谎言。"[1]他们对诗意的留恋极为相似，都认可音乐和诗这些容易流逝的东西，都不喜欢言之凿凿，偏爱模糊的、烟花闪烁般的迷离之美。

齐奥兰更认同感知和灵性的力量，对于逻辑和论述不信任。正如美是需要用心灵感受而不是语言说理的，词语、逻辑和哲学体系有的时候在面临妙不可言之存在会显得词不达意。他认为："只是在用一些庞大的思想填塞一些中性而空洞的时刻,而这些时刻却必然有悖于《旧约》、巴赫和莎士比亚。思想可曾写出过一页东西，达到过约伯的哀鸣、麦克白的恐惧或一曲和声的高度？宇宙无须讨论，只能表达。而哲学却无法表达宇宙。"[2]

既然没有答案，何不把过程留下？无须论证、陈述或在意逻辑顺序，只需要负责形式和语句的堆砌，就可以展现一种风格的美。这一点和王尔德的唯美主义以及桑塔格的新感受主义美学理念有相通之处。费诺罗萨和庞德所支持的反逻辑暴政以及对中国唐诗的认同，估计可以满足齐奥兰对美的界定。空白、意象、断裂和联想，简言之，不讲规矩就是美的。而美就是一种有力的声音，可以足够回应所有的问题和质疑。他这样说道："于是人又怎么能不向往诗呢？它，跟生命一样，有借口可以什么也不必证明。"[3]

桑塔格在接受《加拿大政治与社会理论杂志》（*Canadian*

---

① 萧沆. 解体概要[M]. 宋刚，译. 杭州：浙江大学出版社，2010：171.
② 萧沆. 解体概要[M]. 宋刚，译. 杭州：浙江大学出版社，2010：76.
③ 萧沆. 解体概要[M]. 宋刚，译. 杭州：浙江大学出版社，2010：28.

Journal of Political and Social Theory）访谈时也提及碎片化文字及断裂结构所带来的美的体验过程，她说："事后，我意识到我对引语和列举目录极感兴趣。然后，我注意到其他人对引语和列举目录也极感兴趣。"[①]她所指的其他人包括博尔赫斯、本雅明、戈尔达等，也包括齐奥兰，并且，她在目录式审美过程中找到了内在逻辑性。

齐奥兰消解一切诗意的东西，也包括爱情。但是，爱情的美妙深不可测。就像日常生活里需要音乐、酒和美一样，爱情不可以物化和量化，但它所创造的美、悸动和诗意可以让人脱离乏味而单调的日常循环，让人的心脏变得更强健、肌肉更结实，让人心中有更坚定的信心一直走下去。而在享受诗意和美好的时刻，谁会去想那些琐碎、不堪及衍生菌呢？齐奥兰的确有点悲观了。对人们生存处境一部分现象而论，现象学或解构主义理论是有价值的，但是有些完全不合逻辑、不成章法的现象恰恰是人最真实而生动的本真。因此，人们往往发现在乱糟糟的生活里，一切有活力的部分均不可量化，妙不可言。

他在《解读堕落》里的阐述让人联想起莎士比亚在《麦克白》里的一段台词："人生不过是一个行走的影子，一个在舞台上指手画脚的伶人，登场片刻，就在无声无息中悄然褪下；它是一个由白痴所讲的故事，充满了喧哗与骚动，却找不到一点意义。"[②]一样的虚无，一样的寂静。齐奥兰认为宁静和空白才是永恒的，喧哗只不过是平添笑饵。

[①] 桑塔格. 苏珊·桑塔格谈话录[M]. 波格，编，姚君伟，译. 南京：译林出版社，2015：133-134.

[②] 莎士比亚. 莎士比亚全集[M]. 朱生豪，等译. 增订本. 南京：译林出版社，1998：184.

结　语

齐奥兰与桑塔格的札记文本存在相似与不同。前者开启了开放式文本的各种可能性,给予桑塔格更为开阔的艺术尝试之机会;本质上,齐奥兰是名虚无主义者,他消解一切真义与结构,追求解散;而桑塔格则信任一部分,并追随固定而克制的结构与理念。齐奥兰在札记中表述了他对真实世界的怀疑和拷问,展现其内倾式的美学风格;而桑塔格的去中心化式书写方式则体现出与前者截然不同的外扩式美学风格,后者更多元、更包容,正如她在接受莫妮·卡拜尔采访时所言:"我完全赞成政治、文学和其他一切事情上的多元主义。"①去中心化,对于齐奥兰而言,既是手段,也是目标;而对桑塔格而论,这只是手段,即形式,而非目的。

---

① 桑塔格. 苏珊·桑塔格谈话录[M]. 波格,编,姚君伟,译. 南京:译林出版社,2015:77.

第二章　实验的小说

第一节　"逃离"之阐释

《假人》延续了桑塔格有关逃离和隐遁的主题。小说可以从自我复制、身份消解和看客的姿态三个层面来解读，体现了现代工业社会背景之下人自由意愿与社会规训之间矛盾对立的关系。逃离作为现代人探寻自由之路的有效方式，其背后蕴藏着作者对现代工业文明去艺术化生活方式的批判和否定。

桑塔格关注现代工业社会背景之下人向往自由的意愿和社会规训之间的矛盾对立关系，同时试图寻找一种解决生存危机的可能。桑塔格的代表作《假人》是一部重要的短篇小说，内容简明扼要，延续了她一贯的创作主题：自由、复制、逃离和隐遁。几乎桑塔格所有的作品都和这几个关键词有关，诸如《恩主》《床上的爱丽斯》《死亡之匣》《在美国》《火山恋人》等。桑塔格在《假人》中展现人在工业社会背景之下被异化和奴役的现状，以逃离的方式试图为现代人寻求解决危机的途径。

一、逃离的前提：自我复制

小说主人公"我"是一个身心疲惫的中年男子，厌倦了日复一日机械刻板的生活，想从中逃离并获得自由。于是，"我"找到科学家帮他复制了自我的替代品——"假人"。事与愿违，第一代假人也难以忍受同样的境遇，选择和爱人私奔；为了不重蹈覆辙，"我"又请工程师设计了远不如第一代细腻、聪明的假人。最终实验成功，而"我"成功脱逃。

"我"——第一代假人——第二代假人，三者之间有一个复制和减弱的递进关系。在 3 个自我中，"我"是最敏感、最聪慧也是最难以胜任世俗生活的血肉之躯。"我"在日常生活当中，也是对规训和痛苦感受最深的一个。小说中写道："我发现自己厌倦了做人，不只是不想做我自己这个人，而且是根本不想做人了。我喜欢看人，但不想和他们说话，不想和他们打交道，去讨好他们或是得罪他们。我甚至不想和假人说话了。我累了。我想做山，做树，做石头。"[①]"我"在社会主流群体中像一种离心的力量，试着把自己从喧嚣复杂的文明共同体中分化出来，"我"所崇尚的生活理想是什么都不干、什么都不参与的一种观望，以一种完全游离的状态观望日常生活。"我"和其他孤独者不同的是，他们往往害怕因为逃离而因此承担的孤独、隔膜，而"我"恰恰享受这份悠闲自在的无为生活。小说当中写到妻子、孩子、工作、义务等这些东西的时候，完全没有一丝温情。妻子每周规定时间交流，孩子晚上规定时间写功课，每两周规定时间发薪水，和别的白领人士穿着一样的服装，等等。这对于"我"来说完全是没有温度和生命力的安排。"我"非常清楚自己并不是一台机器，但是每天

---

① 桑塔格. 中国旅行计划：苏珊・桑塔格短篇小说选[M]. 申慧辉，等译. 海口：南海出版公司，2005：84.

像机器一样在循环运转。日常生活中，人们的外形在复制，人们的行为在复制，人们的选择也在复制。复制成了人们的一种习惯，也成为艺术化生活的死敌。小说中的主人公知道自己也面临着选择：要么灭亡，要么复制。他选择了后者，只不过与他人所不同的是，他选择以自己为模板复制假人。

第二代假人于"我"而言，有情感但不理智。在繁杂的日常事务中，情感的一面超越了后者，最终脱离角色。他和第二代假人代表人性的两面：情感和义务。当情感超越了义务时，人会选择逃离，舍弃义务；当义务超越了情感时，人将远离自由，臣服规训。

在大多数人的内心深处，人都有联结、协作和承担义务的意识，但是联结就要委曲求全，这和艺术化的生活完全不同。在联结的规则之下，人们不希望特立独行的个体存在，因为他永远会以离心的姿态存在于文明共同体中。在现代发达工业文明社会里，人们所受物化的奴役已经越来越不明显了。大多数人不会被饿死、不用再像大工业萌芽时期的苦力那样没日没夜地劳作，而且主流的社会媒体会不断地向人们承诺丰厚的回报，暗示现代生活的富足和稳定。第二代假人如果不去反抗、抵制现有的生活，他会顺理成章地升迁、成为一个收入稳定的中坚力量。而这正是现代生活中大多数人的发展路径。选择往往要承担风险，人们可能得到的远比失去的多。但是，选择也是人类走向更高级文明的一种标志。所以，第二代假人做了一次最大胆的选择。他的选择是冒险的，但是勇敢选择所赐给的回报也是丰厚的。第二代假人不仅获得了精神上的自由，而且收获了物质层面的成功。意志的薄弱和服从习惯往往让人产生某种惰性，而勇敢地跨出那一步，才是最难能可贵的。

二、逃离的代价：身份消解

人们往往要为自己的生活拟定很多计划，并以此作为一种提示，来不断告诫自我去接近目标、完成使命。几乎每个人都可以在日常生活中为自己的选择找出无数种理由和解释，因为失去了目的，便失去了存在之意义。作品主人公"我"被某种宗教力量或道德训诫去鞭策人们，以一种看似温和的方式使得社会中大多数民众亦步亦趋地履行各自的责任和义务。在《假人》这台庞大的机器中，每个人就像是一个个螺丝钉和小部件，规训可以让社会看起来更有安定感和稳重感。从机器运转的规律来看，那些容易出现状况的零部件会让生产、生活受到干扰。因此，规训比随意、开小差更合适。但是，尽管社会机器永远不会宽待那些处于主流意识形态之外的特殊存在。在他们的内心深处，往往都会有一种处于规训之外的暗流涌动着。

《假人》中的"我"最终获得了真正的自由：怀念过往生活时，"我"会偶尔回来看看家人；需要补给时，从替代者身边拿到最低限度的生活费；无所念想时，"我"会从一个站口坐到另一个站口，从不必要修饰自己、取悦他人。这种生活，随性、离群、中立、淡定而自足。假人的成功研制让"我"真正从俗世生活中逃离，成为一个概念上的人、一个自私的人、一个观望的人。无为地存在，是小说主人公最理想的生存方式。

人作为一种社会符号，纵向观望历史，横向联结生活，并累积着无数个记忆片断。记忆是人自身的历史，失去记忆人就失去了自我认同感和归属感。小说中的"我"只是想逃离厌恶的社会化生活，并不想失去记忆，而保留记忆的最好方式就是不断回来观望一下原先的自己。因此，逃离也带上了不彻底性。《假人》中的"我"最终只是想获得一种自由，并不想彻底丢失记忆。小说中写道："每隔一段时间，我就要到两个假人家里去拜访。"①去拜访两个假人的生活，是对过往记忆的一种保留。如果"我"想做到真正的逃离，是可以彻底把自己隐藏起来的。逃离意味着对过去的视而不见，这的确很难。

自由生活是人们所向往的，但它需要付出代价：离群索居、游离、失语、边缘化和失去记忆化等。人获得自由时，也失去了介入生活的权利和能力。身份消解是获得自由的代价。萨特曾经说过人表达自己、实现价值的最好的方式就是介入。介入让人意识到自己作为社会人的特殊性。介入让精神获得一种现实的回应，让意识不至于偏离正常的轨道。显然，一个没有身份的人无法为自己言说或者向他人证实自己的过去。只能成为处于主流社会之外的失语者。

三、理想的状态：看客之姿

"逃离"意味着主动把自己从繁杂的日常生活中抽身出来，以一种客观而无动于衷的方式来观望生活。逃离的主体不是被遗弃而是一种享受观望的姿态，因此从这一层面上看，逃离者并不可怜，而是独立并有选择性的存在。两个假人和"我"都在享受着某种自认为心满意足的生活——第一个假人享受和爱人的个人化生活，第二个假人享受努力工作所带来的物质的回馈与和谐的现实生活，"我"则乐于观望熙熙攘攘的街道和忙忙碌碌的人群。既不被庸碌的生活所累，又可以每天观照一下社会细枝末节的变化，这是小说中主人公最佳的游离状态。桑塔格给这部小说赋予了神奇的力量，在看似科幻小说的背后潜藏着作家对现代人的一种提醒：桑塔格希望人们不要在生活中丧失观照、凝视的本能。一个

———————————

① 桑塔格. 中国旅行计划：苏珊·桑塔格短篇小说选[M]. 申慧辉，等译. 海口：南海出版公司，2005：86.

可以坦诚、直率面对生活的人，才能真正做到正视自身、审视历史。现代工业文明让人陷入无意识的、无休止的旋涡之中。人们更需要偶尔停下来审视一下自己，才能更加清醒和明确自己的方向。

在波德莱尔和爱·伦坡看来，所谓的看客们就是大众眼中的闲逛者。

"闲逛者便是被遗弃在人群中的人，在这一点上，他与商品的处境有相同之处，而他自己并没有意识到他的这个特殊处境，但这并没有减少这种处境对他的作用。……闲逛者所迷恋的这种陶醉，宛如商品对潮水般涌入之顾客的陶醉。……移情便是闲逛者跻身于人群时所寻求那种陶醉的本质。"①

闲逛在此并非贬义，相反；它被赋予一种艺术化的内涵。他们认为"大多数人必须忙于他们的日常事务，这就是说，一个人只有在不必去应付那些日常事务的情况下才能去闲逛"②。

"坡的观察者被所看见的景象迷住，最终自己也走进了人流。霍夫曼的表弟透过家中街角窗户去看，宛如一个瘫痪者，即便他身在大众中也不会跟随他们。他对大众的态度是非常居高临下的，就像他所处的那公寓大楼的窗户高高在上一样。"③

人群、街道、戏院或者家庭生活是看客及所谓的"游手好闲"者们观望自我的一面镜子。因此，《假人》中"我"之逃离并不是绝对的蛰居，而是选择一种来去自如、不受干扰的开放式生活选择。

---

① 瓦特尔·本雅明. 发达资本主义时代的抒情诗人[M]. 王涌，译. 上海：华东师范大学出版社，2016：71.

② 瓦特尔·本雅明. 发达资本主义时代的抒情诗人[M]. 王涌，译. 上海：华东师范大学出版社，2016：175.

③ 瓦特尔·本雅明. 发达资本主义时代的抒情诗人[M]. 王涌，译. 上海：华东师范大学出版社，2016：175-176.

只观看但不介入、只欣赏但不拥有——这是桑塔格和巴尔扎克在某些方面的一种契合。《驴皮记》当中有一段话："物质被占领之后还剩下什么呢？剩下概念。""我看过一切，都是安安静静地看，一点不累；我从来不渴想什么东西，一切都在我的预料之中。"[①]这位老人把自己长寿的秘诀告诉瓦伦坦，那就是放弃"欲"和"能"，追求永恒的"知"。老头认为人类对于所有过往的生活和物质财富都只能是观望，观望可以让人远离喧嚣、认清自我。生命对于老古玩商来说，就是观望和体验的一种过程。桑塔格强调从繁杂的日常生活中逃离出来，选择一种不为物质层面的外在所束缚的、纯粹艺术化的生活。桑塔格非常清楚要使现代人真正成为游离于主流社会化生活的看客，必须有舍才能有得。舍去的是私有化的观念、人情以及物质化生活，而得到的是纯粹的观念、领悟和解脱。

小说的结尾写道："我从不在他们家里待得太久，但我真心希望他们都过得好。我也祝贺自己，用这么公平合理而且负责任的办法解决了我在被赋予的短暂乏味的生命之中所遇到的种种问题。"[②]"我"终于从一种角色扮演中解脱出来，成为彻底的观望者。观望的方式便是什么都不可为、远远地凝视，不再介入生活。

结　语

桑塔格以逃离的主题延续了她对自由问题的讨论。在规训和自由两难抉择之下，桑塔格仍旧愿意相信人们珍爱自由将胜过一切，哪怕其代价是变身为一个完全的失语者。

---

① 巴尔扎克. 驴皮记[M]. 郑永慧，译. 南京：译林出版社，2003：71.

② 桑塔格. 中国旅行计划：苏珊·桑塔格短篇小说选[M]. 申慧辉，等译. 海口：南海出版公司，2005：86.

第二节 "自由"之梦

梦和现实是应当截然分开的，但在小说《恩主》中却表现出奇妙的融合。本节借助 4 个梦的内容着重阐述有关自由选择的问题；从梦的艺术形式和自由选择的艺术内容来探寻《恩主》的哲学思考，讨论桑塔格艺术选择对创作的影响。

苏珊·桑塔格被誉为"智慧型引领者""公众的良心"，从 20世纪 50 年代到 21 世纪初一直活跃于美国的文坛上，完成了小说、戏剧、评论以及相关论著 40 多部。《恩主》是她第一部小说，成书后却被唯一可能成为桑塔格出版商的英国柯林斯出版社拒之门外，理由是"缺少生活"，柯林斯的编辑沃尔森对桑塔格"能否成长为其艺术能够完全、合适地吸收其思想的小说家"表示怀疑。卡尔·罗利森和莉萨·帕多克解释小说没有卖点的原因在于它试图"阻止人们从作品中获得真正的愉悦"。其实，仔细研读，人们便会发现不是"缺少生活"，而是有太多的生活需要去选择、参与；作家巧妙地把自己隐藏于作品背后，将话语权交给阅读者，实际上这恰恰说明了桑塔格深谙小说家之道。桑塔格通过《恩主》将批评者的思想和艺术家的灵感完美地融合于一体，让人耳目一新。实际上，就桑塔格的小说归类问题历来是评论界争论的难题，而桑塔格本人对所谓的贴标签也深恶痛疾。此处无意就《恩主》是艺术的还是哲理的这一问题做深入讨论，而是就桑塔格对存在主义自由选择理论的运用探讨一二，并借以强调只有超越传统类型解读的误区才能真正理解桑塔格。

苏珊·桑塔格强调：典型的当代小说一定是心理的，它再现的是自我的一种投射、具体化。在对卡夫卡、博尔赫斯和法国新小说家作品进行分析后，她发现在西方文学中绵延几千年的传统文艺观已经不复存在，取而代之，作品中表现出来的完全是一种梦魇般的感受，她称之为"后经典小说"。桑塔格曾经说过：过了多少年之后，人们再次提起他以前曾经做过的梦，依然十分清晰。梦是抛弃时间、空间和情境的唯一方式，在背离了这一切先入之见后，所讨论的问题变得显而易见。小说由无数个梦堆砌而成，而讲梦的主人公希波赖特就生活在梦和现实这两个空间里，现实和梦难分彼此、亦幻亦真。"两个房间之梦"、"非常派对之梦"、有关"自生教派"的宗教之梦以及"演出场地之梦"分别阐释了桑塔格最为关注的几个问题：趋利避害、秩序、自给自足以及尊严。贯穿作品始终的是桑塔格对存在主义"自由选择"的思考和讨论，因此，这部小说也被人们看作有关自由选择的试验之作。桑塔格强调自由选择是人与生俱来的本能和权利，人一旦选择就得承担起责任。小说开头引用了德昆西的一句话："要有什么差错，就让梦去负责任。梦目中无人，一意孤行，还与彩虹争论显示不显示第二道弧形……梦最清楚，我再说一遍，该由梦去负责任。"[①]

一、自由的选择

面对痛苦，人总是本能地选择逃避；面对幸福，人又总是本能地选择接纳，人们称之为趋利避害。希波赖特是《恩主》的主人公，也是梦的叙述者。他出生于富裕家庭，由于家人长年在外奔波和丧母之痛，他养成了孤独和沉思的习惯，上大学三年级时他退学了，原因很简单，学校的生活太枯燥而且过于呆板。因此，他想要过一种自由的生活，由于他写作了一篇文章，为一个文艺沙龙所接受，成为安德斯夫妇的客人。成年之后的希波赖特做的

---

① 桑塔格. 恩主[M]. 姚君伟，译. 南京：译林出版社，2004.

第一个稀奇古怪的梦是"两个房间之梦"。在这个梦中，总有一个穿着紧身的黑色羊毛泳裤的男人，拿着一个铜制的笛子敲打希波赖特，并且强迫其站在凳子上跳舞，在希波赖特最痛苦的时候，他又会突然不见，然后一个白衣女子出现，端坐在椅子上，本来抑郁的希波赖特心血来潮跳个不停并且想和白衣女子做爱。这一个梦之后，希波赖特试图去破译它，小说里这样写道："我说了，我首先要做的是释梦。我似乎从一开始就没有把这个梦当作礼物，而是把它看成一个要完成的任务。这个梦也让我内心产生了某种反感。因此，我竭力想弄明白它，从而控制它。我越是想这个梦，就越感到责任重大。但是，我做出的各种解析都没有让我松口气。这些解析非但没有减轻这个梦对我日常生活所造成的压力，反倒增加了。"[①]如果把这个梦剖离开来解释，就会发现有一对非常奇妙的矛盾存在，即"不自由的选择"与"自由的选择"。希波赖特被关在一个小房间里，被黑衣人逼迫去跳舞，是一种"不自由的选择"；而白衣女人的出现让他有了一种求爱的欲望，是一种"自由的选择"。黑衣人的存在似乎可以理解为荒诞无情的外在世界，在逼仄的环境里强迫人做出选择；而白衣女子却完全象征着美好的、纯粹自由的理想，是人们心甘情愿的、由衷的选择。在梦境中，黑衣人对希波赖特的折磨只是现实生活对人的压制和异化的一种延伸；而如期而至的白衣女人，是希波赖特渴望突破束缚、实现自我的最真实的心理表现。对黑衣人的逃避，体现了希波赖特不自由、被动的生存状态。逃避的态度看似不选择，实际上还是一种选择，即"逃避"的选择；对白衣女子的追求，表现了希波赖特自由、主动的生存意念，积极的态度可以理解为是一种"介入"生活的选择。萨特说过："自由是选择的自由，不是不选择的

---

① 桑塔格. 恩主[M]. 姚君伟, 译. 南京：译林出版社，2004：19.

自由，不选择实际上是选择了不选择。"①这种看似悖论的阐述，恰恰告诉人们一个事实，人们在情境当中一定会面临选择，无论选择是积极的还是消极的，都必须有所交代。这也仿佛给人们提了一个醒：选择是与生俱来的本能和权利。

二、形而上的精神游戏

桑塔格这样说道："我思考的是，做一个踏上精神之旅的人并去追求真正的自由——摆脱了陈词滥调之后的自由，会是怎样的情形；我思考的是对许许多多的真理，尤其是对一个现代的、所谓民主的社会里多数人以为不言而喻的真理提出质疑意味着什么。"②第二个梦被称为"非常派对之梦"。安德斯太太和希波莱特就像是一枚硬币的正反两面。在梦和现实里，希波莱特让这个女人帮助自己实现了改变生活的梦想。安德斯太太性感迷人，但也有恶俗的地方——就是喜欢别人拍她马屁。在梦里，希波赖特等人做了一个U字形的游戏，游戏之后他和安德斯太太两情相悦，但这个女人喋喋不休地说话让他非常讨厌，愤而离去。这个梦情节十分简短，但意义重大。因为它是希波赖特接下来所有关于安德斯太太何去何从故事的开端，同时，这个梦也把希波赖特不可告人的秘密说了出来，并且付诸实施，那就是和安德斯太太偷情。平日里安德斯太太高高在上、不可侵犯，而且周围聚集着形形色色恭维她的食客，不管出于什么样的目的，大家都不敢对她有不敬之辞。但在梦里，希波赖特似乎向这个女人证明了自己独特的人格魅力并赢得了芳心。而安德斯太太的弱点似乎在梦里也毫无掩饰地暴露了出来。希波赖特既欣赏她又蔑视她，出于礼貌，在

---

① 让-保罗·萨特. 存在主义是一种人道主义[M]. 周煦良，汤永宽，译. 上海：上海译文出版社，1988：337.

② 桑塔格. 恩主[M]. 姚君伟，译. 南京：译林出版社，2004：中文版序 8-9.

平日里只表现了端正的态度，而潜在的鄙视则在梦中得以呈现。"非常派对之梦"是希波赖特最长的一个梦。在梦里，他引诱了安德斯太太和他私奔，最后将她卖给了阿拉伯人做了奴隶。而这一切，安德斯太太欣然接受，与此同时，希波赖特如释重负，丝毫没有罪恶感。这个故事同样晦涩难懂，但似乎又显而易见。桑塔格认为，人类只有历经种种体验之后，才能获得真正的拯救，而这被她称之为完备的知识。改变生活并不意味着从一种固定不变的生活跳进另一种固定不变的生活，而是不停歇地从一种生活投入到别的生活当中，尝试不同的人生体验。这是希波赖特为之渴望的自由状态——没有规则、没有秩序、形式多样、不拘小节。但要么是由于缺乏财力，要么是因为生性懒惰，或者其他种种，这些怀着自由之梦的人们未能实现这种生活，从而抱憾终身。很显然，希波赖特也属于这一类的人，因此他把梦交给了看似最有可能完成其自由之梦的安德斯太太。有人曾经说过，女人离家出走结局只有两个：要么回来；要么堕落。但这个故事最为荒诞的是桑塔格给我们安排了两种假设：堕落后回来了；功成身退。希波赖特在梦和现实中看到两个女人都自称安德斯太太，前者在战争结束后，变成一个需要别人施舍的可怜虫；后者功成身退，从奴隶变成了奴隶主，而且在贫瘠的异国他乡成就了女人无法成就的理想——成为无数男人的精神领袖。

在沙龙里，有沙龙的游戏规则，大家都心照不宣。在梦中，安德斯太太要把游戏者分出胜负来，与此相反，希波赖特则视之为恶俗，小说中这样写道："我不明白这么好玩的游戏中干吗一定要产生优胜者。在我看来，既没有规则，也不要决出胜负，游戏才有劲。"①这段话清楚地向人们提出了第二个疑问，那就是规则

---

① 桑塔格. 恩主[M]. 姚君伟，译. 南京：译林出版社，2004：24.

和秩序有无意义，人们是否都得执行这一套游戏规则。黑塞把游戏看作完全等同于生命、世界、精神以及信仰的形式，而生命是一种随意的游戏，并且他也说过，一切游戏均是没有野心、没有求胜意愿的本色生命行为。这一游戏的观念在席勒看来是意义重大的，正如其在《审美教育书简》中完整地阐述了人类本性的"游戏冲动"。就生命本质而言，"在人的一切状态中，正是游戏而且只有游戏才使人成为完全的人，使人的双重天性一下子发挥出来"①。同样，在 U 字形游戏当中，希波赖特体验到了人的自由本质，感到由衷的快乐和幸福，小说中这样写道："隔壁房间在开音乐会，我跟边上的游伴，也就是那位黑人芭蕾舞蹈演员说音乐会的事。我们正聊着，他开始劈叉，直到双腿在地板上成一线。他闭上眼，呼口气，我边上的人也照样子滑下，他们的身体碰撞到一起，一个叠一个，一个个都呼口气。大家看上去都非常开心，我自己心里也突然感到平静、快乐。我叠在最上面，一种巨大的轻松感溢满全身。"②希波赖特称这种幸福感为"自愿的孤独"、一种"纯净"，尽管"这一体验无法与人分享"，"只有在我心里"才能细细地品尝到它的滋味。席勒认为就艺术创造而言，通过艺术家的创造性劳动，"最猥琐的对象，经过处理也必须使我们仍然有兴致从这个对象直接转向最严格的严肃，最严肃的题材，经过处理也必须使我们仍保持把它直接转调成最轻松的游戏的能力"③。而 U 字形游戏正是用看似荒诞的游戏形式实现了最为严肃问题的讨论。桑塔格把游戏看作一种精神形式，或者说是一种形而上的生命活动、一种灵性的讨论。

---

① 弗里德里希·席勒. 审美教育书简[M]. 冯至，范大灿，译. 北京：北京大学出版社，1985：79.

② 桑塔格. 恩主[M]. 姚君伟，译. 南京：译林出版社，2004：24.

③ 弗里德里希·席勒. 审美教育书简[M]. 冯至，范大灿，译. 北京：北京大学出版社，1985：114.

三、自给自足的梦

人类总是试图去寻找一个精神的偶像去顶礼膜拜，正如桑塔格曾批评过现代人的弱点：走极端，要么怀旧，要么空想。总之，属于自己的东西很少。随之而来的便是丧失个性、丢掉自我。在"宗教之梦"里，布尔加劳教授向他讲述了关于"自生教派"的教义：黛安努斯是"自生神"的孩子，双性同体，与其父不同的是他不是一个高高在上的神，"每隔一阵子，他都要冒险来到人间，受到他们的膜拜、攻击和折磨。唯有这样，他才能继续享受他那神圣的睡眠"①。希波赖特试图对该梦做出合理的解释，文中这样写道："我做的梦难道不是有关自给自足和不可避免地开始对某种东西有了了解的理想吗？""这个神话有一部分讲到黛安努斯必须定期受折磨，但那不是要拯救人类，而是神要舒适和健康。我非常喜欢这个部分。这是最庄严、最坦率的造神方式。"②这又是一个关于自我与他人问题的讨论：自生教派到底是拯救他人或自我拯救？桑塔格通过希波赖特似乎已经回答得相当清楚——为了自己，为了自我内心的宁静。个性在小说《恩主》里被理解为一种"重量"。"自生教派"其实完全是一种"反行为准则"，在它的教义里面没有道德上的好坏区分，只有轻重之别。人们蔑视道德法则将最终使得自己完全失重，离群索居，为社会所摒弃。文中的主人公希波赖特一直沉湎于对自己的梦的解析，让他久未谋面的家人都误以为他已经精神失常，连自己的小侄女都不敢多和他讲一句话。很显然，在对自我的过分关注下，其恶果就是失重，个体将成为孤家寡人。桑塔格在书里这样写道："个人的个性必须

---

① 桑塔格. 恩主[M]. 姚君伟，译. 南京：译林出版社，2004：77-78.
② 桑塔格. 恩主[M]. 姚君伟，译. 南京：译林出版社，2004：78.

在逾越所伴有的尖刻言辞中受到抑制。"①"自生教派"鼓励人们将自己看作最后一片净土，追求内心的沉寂，不要同流合污，不要人云亦云，但最让希波赖特感动的不只是这些，在于教义的初衷不是为了他人的安逸而仅仅是在于神对自己的尊重。美国传记作家卡尔·罗利森和莉萨·帕多克这样写道："像桑塔格的艺术观一样，希波赖特的梦也是自给自足的，也就是说，一如桑塔格，他把自己想象成自我创造的。"②我们可以理解为桑塔格在希波赖特身上找到了一个可以自由做梦的载体，而希波赖特在"自生教派"主神黛安努斯身上找到了自给自足的信念。神的"自私"和"天真"大大地鼓舞了希波赖特继续"做梦"。

四、介入式改变

萨特说过，当孤独的个人面对虚无的人生和荒诞的存在处境时，有没有一种个体主体性？有没有一种敢于独立自为的勇气，一种不畏虚无而绝望反抗的勇气？这是生死攸关的事。他曾经具体解释："这个世界本身就是一种异化、处境和历史，我应当把它重新修复，对它负起责任，为了自己和他人而改变和维护这个世界。"③所以，人积极或消极地选择都会对自我和他人造成一定的影响。最后一个梦是"演出场地之梦"，在这个梦里，希波赖特看了一出杂技团的表演。有一个演员受伤了，请求找个观众作为替身。结果，一个人被请上了舞台。一切在开始都是温和的、安静的。但随之而来的事情却让希波赖特大为震惊：杂技演员一边安慰观众不会有事，一边用刀子在观众的脸上切割，而且伤口似乎

---

① 桑塔格. 恩主[M]. 姚君伟，译. 南京：译林出版社，2004：81.

② 罗利森，帕多克. 转就偶像：苏珊·桑塔格传[M]. 姚君伟，译. 上海：上海译文出版社，2009：82.

③ 刘象愚. 外国文论简史[M]. 北京：北京大学出版社，2005：301.

无法复原。当希波赖特在担心观众会因此死去时，那个观众又变成了自己，自己又变成了观众。杂技演员将观众的头颅真的切开时，希波赖特惊醒了。文中这样写道："我梦醒时，从未有过这样大的恐惧感。接下来几天时间，我老想这个梦，并重新感受这次梦的高潮——恐惧和愤恨。"①这个梦讨论的仍然是顺从和对抗的问题。当一个人即将或者正在被剥夺尊严时，他是选择顺从还是反抗，这是一个大是大非的问题。在梦里，希波赖特看着这一切，感到非常迷惑不解，因为这个配合的观众连一句痛苦或者责备的话都没有；让希波赖特愤恨的是那个被切割的观众，他是那么相信杂技演员，那么顺从他，实际上却一直是对方迫害的对象。显然观众是麻木的、被动的，杂技演员是强硬的、主动的，双方存在着一种完全不平衡的制约和被制约的关系——"我为鱼肉，人为刀俎"。除此之外，希波赖特的恐惧和愤怒源于他已经感知自己的自由是与所有其他人的自由不可分割地联系在一起了。梦境中受虐者一会儿是观众席上的陌生人，一会儿又变成希波赖特，恰恰表明了人们不自由的生存状态。桑塔格向人们号召："我们要与他们结合，砸碎铁栏。"

4个梦均是割裂的，但有内在的统一性，即人与外在世界的矛盾与对抗。桑塔格相信无论过程怎样崎岖，最终的结果是服务于人的自我价值，以实现自我价值为衡量标准。人所受的痛苦都是为了能早日获得幸福，换句话说，只要能实现自由、安全和幸福，磨难和痛苦是完全可以忍受的，因为光明就在眼前，即使灾难深重，人最终仍然可以自由选择。存在主义哲学告诉人们：世界是荒诞的，但人仍然可以自由选择。《恩主》里梦和现实错综复杂交织于一体，体现出世界的荒诞和不可捉摸性，以及人认知世

① 桑塔格. 恩主[M]. 姚君伟, 译. 南京: 译林出版社, 2004: 198.

界的艰难；无数次故事的重新讲述，又体现了人积极地试图改变现实、实现自由选择的可贵精神。希波赖特每次做不同的梦，其实是在尝试着做不同的选择，让人们联想起萨特小说《自由之路》里的主人公玛第厄，也是有无数次犹豫不决，但最终做出了自我选择，玛第厄告诉自己：人生本无意义，只有通过自己的行动和努力才能确定价值。人生活在自己的境遇之中，要做出抉择，获得自由。萨特强调人必须融入社会、投身于社会活动中去实现自我价值。《恩主》中的主人公希波赖特却在梦中看到自己身染重疾，无法行动，小说的结尾流露出一种深深的悲观主义格调，小说这样写道："等到那些梦不再纠缠我的时候，它们便把我冲出水面，撂在海滩上。这时候，我都老了。"①

第三节　隐遁的主题

桑塔格的作品着意表达隐遁的主题，并试图解决自我与他人、自我与环境、日常生活与艺术化生活的矛盾对立问题。其作品可以从隔绝现实的屏障、主体意识的投射以及艺术化生活的表达三个层面来分析，体现了桑塔格期望超越机械化日常生活的理念。

从八幕剧《床上的爱丽斯》中渴望独立的爱丽斯到短篇小说《假人》中的"我"，隐遁主题成为桑塔格最为关切的问题。桑塔格试以隐遁这一主题来引发人们对现代工业文明社会里人的主体意识和现实环境之间矛盾对立关系之问题的思考和讨论。隐遁意味着自我与环境、自我与他人、日常生活和艺术化生活的尖锐对立。隐遁也是人们发现自我、超越有限空间和寻求理想生活的

---

① 桑塔格. 恩主[M]. 姚君伟，译. 南京：译林出版社，2004：234.

途径。

一、隐遁——隔绝现实的屏障

现实是不完满的，但是它可以被人们有选择性地进行屏蔽。对此，童年时的桑塔格似乎就深谙其道。她在《中国旅行计划》中写道："我十岁那年，在后院挖了一个洞。当洞的长宽高都达到了六英尺时，我不再往下挖了……我只想找个地方坐坐。我把一些八英尺长的木板担在洞口上，荒漠的骄阳炙烤着。那时我们住在城边土路上一幢用灰泥粉刷过的四居室的平房里。象牙大象和石英大象早就卖掉了。——我的避难所——我的小室——我的书房——我的坟墓。"①所谓的"避难所""小室""书房"和"坟墓"成为隐遁自我最为显现的比照方式。隐遁对于儿时的桑塔格而言，不仅仅是缘于好玩，还意味着安全、自由和独立。她像《爱丽斯漫游仙境》中的小主人公一样，渴望独立和自由选择。现实世界里有的是规则、秩序、理性和形而上的东西，还有威慑、警告和无休止的唠叨。为了躲避这一切，人们得想方设法为自己制造一个屏障，将聒噪的现实有选择地进行隔绝，为自己挖掘一个树木上的、墙上的洞穴，可以成就她独立、自由的梦想，就像小爱丽斯喝那个神奇的药水就可以变大变小一样。

隐遁可以将不完美的现实生活隔离开来，因此它就像梦想和现实之间的屏障，可以保护和延续人们的艺术化生活之梦。隐遁为人营造一个私密的、内倾性的空间。人们选择隐遁正是主体意识的一种体现。在八幕剧《床上的爱丽斯》中，同名的爱丽斯一直喜欢待在病榻上，将自己躲藏在与外界隔绝的病房里。和家庭、社会给爱丽斯造成的无形压力相比，病房是最安逸的。她可以一

---

① 桑塔格. 中国旅行计划：苏珊·桑塔格短篇小说选[M]. 申慧辉，等译. 海口：南海出版公司，2005：8.

直做梦，在梦里远游威尼斯、罗马，和那些传奇女子促膝而谈。爱丽斯在父兄们面前永远是个没有主意的小孩子，但在病房里，她成为一个可以左右自己人生的、自由选择的成年人。

人们之所以选择隐遁，是出于迫不得已。假使外界能够提供一个可以表达自我、书写自我和独立选择的空间，人们大概是不会选择隐遁的。因此，隐遁的背后有理想和现实之间的矛盾、对抗以及人们所表现出来的情绪。剧本《床上的爱丽斯》中的女主人公用沉睡来表达对家庭和处境的不满——她选择在哥哥们探望她的时候入睡。沉睡是无言的抗议，而这一灵感恐怕也来自刘易斯·卡罗尔的童话《爱丽斯漫游仙境》。小爱丽斯乘着梦的翅膀飞进了童话般的世界：她可以像大人一样去参加朋友们的宴会，像大人一样和扑克牌王国的女王争辩，自由选择何时变高、何时变矮。小爱丽斯的梦华丽而不现实，因为梦终究会被唤醒。在童话故事的结尾处，爱丽斯被远方妈妈的呼唤声叫醒回去吃饭，结局让人颇感无奈。桑塔格另一部作品《假人》也表现着同样的主题。作品主人公"我"身上肩负着三重大山：职业的压力、家庭的负担和秩序的制约。在现代大工业文明体系下，现代人要面对高负荷的工作压力。"我"每天要处理一堆永远没有尽头的大小事务，即使有朝一日换来了"升迁"的结果，也只是让自己肩上多了一层人为的负担而已。工作单调、周而复始、没有人情味、毫无创造性，只是一种纯粹为了谋生的手段。许多人为了物质化条件的改善选择默默地承受重压，等待看似会有丰厚回报的事业成功。然而当所谓的成功离自己更近一点儿时，"我"吸的烟会更多一些，情绪会更低落一些。"我"发现追赶人们所认为的生活离自己的愿想只能越来越遥远。于是，选择逃离和隐遁就成了最好的直面自我的路径。隐遁让自己从教条化的日常生活中抽离出来，成为主宰自己自由意志的主人。当"我"从一个站台切换到另一个站台，而完全不用在乎何时会迟到，何时需要向别人敬礼；何时需要关注自我的仪表时，"我"彻底从秩序、刻板的生活中解脱出来。科学家为"我"创造出来的两代假人可以被视为日常生活中非自由人的体现，因为他们承担了所有的压力，而无法体会到超越世俗生活、游离于秩序的自由和酣畅。

隐遁的方式使人将自我处于社会规训之外，因此人是可以不用承担责任和义务的。隐遁所要遵循的唯一原则就是向心而活，因此人在此刻是自由的，也是孤独的。隐遁所要承担的风险是被规训化的社会完全抛弃，成为游离于日常生活的边缘人。桑塔格一方面期望获得完整的艺术化生活，另一方面也十分担忧因为过度考量自我诉求而舍弃了社会化身份之后所带来的恶果。

二、隐遁——主体意识的投射

主体意识是认知自我、发展自我并有意将自我意识投射到外界环境中进行比较、联结和甄别的意识。它是人对于自身的主体地位、主体能力和主体价值的一种自觉意识，是人之所以具有主观能动性的重要根据。自主意识和自由意识是其重要内容。自主意识是指人意识到自我应当具有独立的人格，并在日常生活中对于自我的生活具有主动、主体的支配权；自由意识是指主体的终极目标，它是要克服主客体的矛盾对立，实现主体的真正解放和自由。桑塔格认为一个人在自我的生活中应当始终清楚自己的中心地位，当然，这并不意味着要推崇一种霸权的、偏离的、张扬的自我诉求，而是一种清醒的自我认知习惯培养。桑塔格说："我愿意处于中心。"[①]在《床上的爱丽斯》中，病床处于舞台的中心，使得爱丽斯成为聚光灯下最醒目的焦点。爱丽斯以一种执拗和古

---

① 桑塔格. 中国旅行计划：苏珊·桑塔格短篇小说选[M]. 申慧辉，等译. 海口：南海出版公司，2005：9.

怪的方式让自己成为不可替代的存在，而之前她的个性完全被天才的哥哥们所遮挡。桑塔格说她愿意让爱丽斯成为真正的主角，因为她的内心有太多的想法未被释放。这种强大的自我表达的诉求在桑塔格笔下的狄金森世界里则变成隐遁的书写方式。

美国 19 世纪女诗人艾米莉·狄金森在世的时候默默无闻，但在她去世一百年后成为人们最为惊叹的文学奇迹。没有人能把围于锅灶前、沉默内敛的老姑娘和那个充满诗意和理想的伟大诗人联系在一起，因为人们观念中的粗糙、繁杂的日常生活被看作是消磨主体意识最好的帮手。桑塔格在思考：有没有一种存在是可以震撼人心的？它可以以一种强烈的反差来彰显人类对自我的深刻观照和严肃审视。最终，桑塔格在此处找到了答案，那就是隐遁。隐遁可以隔离非艺术化的现实生活，将自我意识全情投入进自我审思和思考中去，最终可以在隐藏的艺术世界中得到一种完全的自我书写方式和言说方式。因此，隐遁可以是对日常生活的一种补偿，也可以是对自我价值和主体意识的一种彰显。它以一种无须回应的方式完成了自我对话、自我审视。

然而，桑塔格所谓的主体意识并非专指女性的主体意识。就如英国评论家安吉拉·默克罗比在《文化理论领域里的关键人物》一文中所说："桑塔格这个神秘的女人，站在 20 世纪一批男性哲学家和作家行列当中，因为信奉欧洲现代主义……得以进入一个特权世界。不像其他有同样文化地位的女人（我们想到西蒙娜·波伏娃），桑塔格认为个人的和女性的东西不足以作为研究对象，甚至不足以和其他研究对象联系起来。虽然她成了文化办的一颗明星，但是她一直拒绝和那样的研究模式妥协，也不肯片刻放下知识分子的架子。"[①]桑塔格所言指的主体包括所有身份的

---

① 默克罗比. 后现代主义与大众文化[M]. 田晓菲，译. 北京：中央编译出版社，2000：127.

人，因此其主体意识的表达格外带有一种有识之士的责任感和使命感。在其长篇小说《恩主》中，主体为中年的白人男子，而在剧本《床上的爱丽斯》中则体现为年轻的白人女性。桑塔格在文本中所体现的主体，可以是衰弱的艾滋病患者，也可以是充满激情的艺术家，还可以是饱受争议的同性恋者。主体身份和表现形式的多元化让桑塔格成为"激进意志"形式下的后现代文论家的代表。桑塔格对主体意识的关注正如加缪在《西西弗斯的神话》中对"西西弗斯"的关注一样，具有超越民族、阶级、身份以及性别的普遍意义。西西弗斯虽以不讲信用和狡猾的方式企图为自我谋取私利，但在主体认知这一问题上，显然要比大多数人要来得聪明和勇敢。然而，区别在于加缪以一种逃离和隐遁的主题凸显了狡猾的西西弗斯原命题之外的其他问题，甚至以一种肯定和赞叹的口气表达人不甘心于接受命运安排而积极寻求改变的孤勇行为；而桑塔格推崇一种既不会干涉他人生活又可以修缮自我的中庸之道——这一点在《假人》中就清楚地显现出来。小说中描写的前两代假人正因为先后承担了"我"的义务，才让"我"可以心无旁骛地享受纯粹的自由生活。从这一点上，我们可以把它理解为主体意识的体现和表达的前提是不去侵占和干预他人生活。

桑塔格强调个人空间的有效维护以及主体意识的积极表达。她在作品中以隐遁的主题来探讨现代工业社会背景之下人的主体意识模糊和主体缺失、异化的深层次问题，并为人们寻求艺术化生活提供了一些借鉴。

三、隐遁——艺术化生活的表达

儿时那个喜欢把自己隐遁于树洞和隧道里的桑塔格像哈姆雷特一样，也有一个做国王和艺术家的梦。所不同的是，哈姆雷特恐惧和厌恶梦的醒来，而桑塔格则享受做梦并愿意将做梦的权利部分地贡献和出让。成年后的作家代表在创作里始终没有绕开过这一话题。在桑塔格的作品中，人们常常会看到躲藏、逃离和做梦这样的词汇。隐遁和作家的个性有关，还和她艺术家的梦想有关。

　　桑塔格眼中的艺术化生活不是指对艺术品的维护和修缮，而是指将生活艺术化的表达。她和唯美主义作家王尔德所推崇的艺术有着内在的相似性——将日常生活艺术化。这一点在周作人的作品《生活之艺术》里也可以找到一些相似的概念。周作人认为生活的艺术化不是感性地放任自由，而"是一种新的自由与新的节制"，"一切生活是一个建设与破坏，一个取进与传出，一个永远的构成与分解作用的循环"。①周作人所认同的"新的自由与新的节制"在个人自我生活中形成一个有效的循环圈，它摒弃了机械化复制时代缺乏创作力的生活旧习，向人们推行一种内省的、循环交替的艺术化生活理念。艺术家即使生活在机械式的、知识爆炸式的新型社会里，他们也会时刻发现自我的存在、价值和与众不同的生活选择。相对于艺术家梦想而言，开放的态度和隐遁的态度是一组矛盾的生活态度。开放意味着人要面对世俗生活的考量、受到主体价值观念的质问以及有可能承受来自四面八方的非议和攻击，那么最终导致的结局无非是在捍卫自我的过程中被打败或者在众人面前屈服。这一定不是艺术家们所想面对的结果。与此相对，隐遁可以回避所有的围攻、指责和不解。它可以以最低限度损耗为代价而获得最大限度的自由和权利。在隐遁的自我王国里，艺术化生活可以得以存在和延展。

　　《在美国》中的女主人公玛琳娜为了寻找理想的自我和内心的平静而决定离开喧嚣的都市生活；《恩主》中的男主人公希波赖

---

① 钱理群. 周作人散文精编[M]. 杭州：浙江文艺出版社 1994：244.

特为了在现实生活中寻找到一个最合适的生存方式而接受安德斯太太的帮助,并且通过无数个梦辅助自己实现理想;《假人》中的"我"对自己所想要的并不太明确,而对自己不想要的却十分清楚,因此远离现在的生活从而为自己寻找艺术化生活提供可能。这三部作品中都有一个共同的主线:逃离——隐遁——发现。逃离现实、隐遁自我和发现艺术化的生活成为桑塔格文学作品最为显见的艺术表现主题。隐遁自我不是最终的目标,而是发现艺术化生活的一种手段。因此,《在美国》中的艺术家玛琳娜最终在归隐生活之中看清了自己,并超越先前那个迷惘、肤浅的自我,成为一个真正可以主宰自己并且可以给别人带来力量的艺术家。而《假人》中的"我"不断地在旧我和新我之间进进出出,既不愿完全为日常生活所束缚,也不想完全失去旧我的身份。因此,在日常生活之外,"我"以一种观望者的姿态选择巧妙的隐遁,以此来获得自己想要的艺术化生活。隐遁的生活理想另一层要义是要摒弃社会人不合理、不必要的社会责任和社会义务,因为这些东西往往会成为约束个体、限制自由的借口。在通往艺术化生活的道路上,人们必须首先要为自己卸下身上的包袱,才能在自我和他者的世界中寻找到一个平衡的支点,这样艺术化的生活便成为人们进可以攻、退可以守的坚实堡垒。

结　语

隐遁的主题就像一条主线将桑塔格的作品全部串联在一起,也成为人们理解桑塔格艺术化生活理念的核心思想。桑塔格将儿时的梦想和艺术作品最崇高的目标结合在一起,为人们寻找到一种可以将机械、刻板的日常生活提升为自由、灵性的艺术化生活的途径。

第四节　严肃路径上的艰难之选
——兼谈托马斯·曼与桑塔格的美学实践

托马斯·曼与桑塔格活跃于欧洲文坛的时间相差 50 余年，而《魔山》和《朝圣》却将两者密切地联结在一起。20 世纪 60 至 90 年代，桑塔格撰写了一系列虚构和非虚构类文本，其中有日记《心为身役——苏珊·桑塔格日记与笔记（1964—1980）》《在土星的标志下》《疾病的隐喻》《朝圣》《火山恋人》《在美国》和《重点所在》。这些受托马斯·曼本人和其创作启示而撰写的研究资料和作品，视角开阔、立意新颖，可视为桑塔格美学思想体系重要的构成部分。《朝圣》《火山恋人》和《在土星的标志下》在文学创作和批评当中颇有代表性。《魔山》对于桑塔格而言是相隔 30 多年、由思想家们洗礼过的经典文本，而桑塔格一边深深地敬畏其深刻性及复杂性，一边主张"反对阐释"。1948 年，她在笔记中写道："曼的《魔山》是要读上整整一辈子的。"[1] 同时，对托马斯·曼的《布登勃洛克一家》《死于威尼斯》《马里奥与魔术师》《浮士德博士》和《黑天鹅》等重要代表作均做出过积极的回应和评论。1976 年，她引用埃里克·卡勒的话评价托马斯·曼，认为"他是一个对人类状况有个人责任感的人"[2]。在《朝圣》《作为疾病的隐喻》《文学就是自由》等文章里，她提到其"严肃""平缓""静默"和"冲突"等艺术风格，可视为桑塔格美学的重要学术资源。桑塔格和托马斯·曼的创作都趋向严肃路径，疏离"亲合力"，同

---

① 桑塔格. 重生：桑塔格日记与笔记（1947—1963）[M]. 里夫，编，姚君伟，译. 上海：上海译文出版社，2013：5.

② 桑塔格. 心为身役：苏珊·桑塔格日记与笔记（1964—1980）[M]. 里夫，编，姚君伟，译. 上海：上海译文出版社，2015：483.

时，致力于打造智库大厦，勾勒知识图谱，保持零度介入的写作姿态，精心培育和维护艺术家美学场域。

国外有关托马斯·曼和苏珊·桑塔格单个作家现象研究有较大差异化表现，后者要远比前者更热门，因为桑塔格提供了更多的场域和话题。国内有关托马斯·曼的学术论文有 100 余篇，最有代表性的学者有黄燎宇、王炎等，主要话题集中于"疾病""研究史"（黄燎宇）、"时间性"（王炎）、"宗教神学"（卢伟）等。托马斯·曼的研究难度除了语言难、德语背景难、作家体系难，更多体现在文本话题遥远等方面。而桑塔格文本相对开放和具有近距离性，其话题多元且有延展性。桑塔格的学术道路，受益于托马斯·曼创作理念和美学实践，在 1947 年到 2004 年离世前近 60 年的时间里，有大量的笔记和创作受托马斯·曼影响。同时，托马斯·曼也曾积极地回应和鼓励过桑塔格的创作和实践。这种深刻的相关性，在国内研究中还未被全面关注，未做相关回应。

目前，国内有关桑塔格的学术论文有 316 篇，博硕学位论文有 100 余篇，研究专著有 12 部，学术译著有 5 部。不仅在数量上十分繁荣，而且在研究领域上也十分全面。大体可分为三个研究方向：一是对桑塔格批评理论的探讨与分析；二是对其具体文学创作的研究；三是关于其生平的研究。研究主题集中于"反对阐释"（王秋海、郝桂莲、李遇春、林超然、袁晓玲）、"沉寂美学"（张莉）、"左翼文学"（王予霞）、"新感受力"（刘丹凌、黄文达）、"旅行文学"（张艺）、"严肃艺术"（柯英）、"风格论"（陈文钢）和"媒介者身份"（唐蕾）等几方面。研究二者直接相关的研究都是针对《朝圣》这部半虚构文本的对照研究，主要以顾明生的《文类的赋格曲——论〈朝圣〉文类复调结构的实践与争议》和张艺的《论苏珊·桑塔格短篇小说〈朝圣〉的旅行叙事及其隐喻》为代表。顾明生主要从小说的"赋格曲"式结构入手，讨论"散文和评论元素自然融合在小说的虚构叙事中"的复调形式，从形式和结构方面阐述了桑塔格创作中的新颖的视角，以单篇作品切入话题。张艺主要从旅行文本和智性启蒙两个角度阐述了桑塔格的文学起点，提出寻求"父亲式文学偶像""传播福音般热情"以及"继承伍尔夫'创造性事实'（creative fact）的文学传统"3 种较有代表性的观点，介绍了桑塔格对托马斯·曼的学术膜拜。

　　桑塔格与托马斯·曼的渊源既有表面创作形式的相关性，更有创作理念和深层思想的相关性，而后者更深刻，也更有开拓意义。因此，研究二者的关系及美学实践相通性，对于托马斯·曼和苏珊·桑塔格相关的研究以及美学实践课题显得极为迫切，也很有学术意义。

一、背离"亲合力"：踏向"精神受难"之旅

　　"亲合力"一词来自歌德 1905 年发表的小说《亲合力》，它原本描述的是庄园阶层爱德华、奥蒂莉和夏绿蒂等人婚姻恋爱的悲剧故事。他们 4 个人的婚姻和爱情经历发生、破灭、重组和结束四个阶段，而在此过程中，这种状态的流动和变化和人与人之间自然吸引及直接的愉悦感相关。马欣在研究中这样界定："它们与其他东西必然也有某种关系，依自然物的不同而异。它们之间有的像老熟人一样，一碰就很快聚在一起，不分彼此，但又不改变对方的任何特性，反之，另外一些物质碰到一块却形同陌路，不肯亲近。还有一种情况，就是那些一碰着就迅速相互吸引、彼此影响的自然物，才被称为是有'亲合力'的。这种'亲合力'非源自血亲，而是在精神和心灵方面的亲属。"[①]高中甫认为，"亲

① 马欣.《论歌德的〈亲合力〉》与本雅明的"救赎批评"[J]. 上海文化，2016（8）：53.

合力"既是"化学术语",也是"本性力量的进逼"。①因此,歌德选取了以哲学的"断念"和文学的"疏离"阻隔"亲合力"的浸入。正如黄燎宇所言,严肃的作家最终会选择"艰难的时刻",主动踏向"精神受难"之旅。

托马斯·曼和桑塔格都选择了严肃、僻静、低沉和负重的部分,同时也回避讨好,拒绝迎合。黄燎宇提到:"2007 年,叶隽撰文讲述《魔山》勾起的'万重思绪',对于托马斯·曼'不惜牺牲文本的可读性'来制造'思想史文本'表达了不满。该文可以引发从事文学研究是否需要艺术亲和力的思考。"②桑塔格作品也时常面临着类似的质疑和不满,甚至被评论认为是难看的、最晦涩的文本。尽管如此,桑塔格仍然感激自己选择的"艰难时刻"③,她说,"我永远不会忘记我与德国文化、与德国的严肃性的遭遇,""我在一本德国小说中发现整个欧洲。"④他们在全面触碰、完整呈现的同时,让这些部分在欧洲知识一体化的路径上实现自我表征,终而完成欧洲新知识体系的构建。

《魔山》存在多棱视角,有人从时间、疾病和成长小说的角度阐释其意义,例如,《〈魔山〉对时间的追问》《疾病在〈魔山〉起舞——论托马斯·曼反讽的疾病诗学》和《汉斯·卡斯托尔普的美学教育:论成长小说〈魔山〉》;有人把它理解为毁灭和死亡的边界,在《被启蒙与被毁灭的——〈在轮下〉与〈魔山〉对位研究》里这样写道:"于《魔山》,则表现为汉斯无缘无故地生病、发烧、脆弱,流连于疗养院,丧失了在'山下的平原'过上正常的、世俗的生活的勇气,最终以精疲力竭、无可奈何的心态投入

---

① 高中甫.论《亲合力》[J].外国文学评论,1987(12):99.
② 黄燎宇.60 年来中国的托马斯·曼研究[J].中国图书评论,2014(4):108.
③ "艰难时刻"一词来自托马斯·曼 1905 完成的短篇小说《艰难时刻》(Schwere Stunde)。在这部作品中,他描述了创造力和灵感之难求,也肯定了坚毅和恪守苦修的品质。
④ 桑塔格.同时:随笔与演说[M].黄灿然,译.上海:上海译文出版社,2009:210.

到第一次世界大战的硝烟中去自我了断。"①"晶状体结构"、新旧学说的争论、唯科学与玄学派之争、激进和保守的分歧以及疾病的隐喻等问题，成为桑塔格研究的灵感来源。与喜欢庞杂和罗列的托马斯·曼相比，桑塔格同样对二元切分和条分缕析兴趣寡淡。用碎片堆砌起来的《魔山》，更像是一座智库大厦，推动多元的选择以及艺术实验的动力。

《魔山》主人公汉斯是第一次世界大战前后一位卓越的年轻人，他纯粹、空灵、特立独行，是瑞士达沃斯"山庄"肺病疗养院里的一个见证者和病人，他"乐于观察、倾听，勤于思考"，"而'山庄'无所事事的特殊方式，又提供了他去沉思默想的充裕时间"。②汉斯超越时间、空间，让自己变成一个精神层面的"孤儿"，任时间流淌，任空间嘈杂，把自己放逐在高山上，不畏惧，心有所往。他在内心一直渴盼某种特定的命令召唤着他。这一命令是什么？一定不可能是情爱，因为它的维度过于单一，承载不了生命全部的重量。很多人喜欢把汉斯的粘连理解为是对俄国女子克拉芙吉亚③的迷恋，这种视角十分狭隘。情爱和一个人辽阔的寻找无法对等。汉斯在雪地里放逐自己、探寻生命极限的描写让人深感震撼。事实上，人们会在某一自觉为重大的时刻，探探自己的底、自己的恐惧、自己的梦想、自己的贪婪以及自我的接纳程

① 卢伟. 被启蒙的与被毁灭的——《在轮下》与《魔山》对位研究[J]. 湖北社会科学，2013（8）：132.

② 曼. 魔山[M]. 杨武能，译. 北京：北京燕山出版社，2010：序.

③ 克拉芙吉亚，又被称为肖933太太，是《魔山》里一位女性主人公，她是汉斯长久为之幻想和痴迷的假想伴侣，她在肉体层面唤起了汉斯的性欲，但在精神层面和汉斯存在巨大的鸿沟。

度。这一选择的时刻被泰戈尔表述为"伟大的黑暗"[①]，也正是托马斯·曼所说的"艰难时刻"，同时也是桑塔格所界定的"严肃性的遭遇"。事实上，托马斯·曼在写作《魔山》时至少选择了三处重大的时刻：留守高山疗养院、雪域放逐和拒绝魅影。留守意味着维持，而在流动的、不确定的环境里，它本身也意味着挑战。高山疗养院里充斥着各种魅影，其中包括思想的魅影、情爱的魅影以及疾病的魅影，而它们寄生攀附于有血有肉的年轻人的身体上，试图萃取他的精力和时间。能够在疗养院里活着，并持重冷静，保持清醒的头脑，这本身就意义深远。

在精神旅行的长路中，没有强大的、督察行为的日常观照背景，个体极容易滑向随心所欲的自得其乐，而当人在缺乏足够丰富的舆论体系和控制体系的条件之下时，也极有理由走向非理性和意志的轻浮。在《瓦尔普吉斯之夜》[②]一节，狂欢节里的疗养院被病人们的狂热歌舞缠绕，他们用尽所有力气要消费短暂的欢乐时光，这些残弱而烧得旺盛的最后一丝火苗依然可以灼烧到每个听者和观者。狂欢节之外的疗养时光里，有人抓住最后的有限时光，沉迷性爱，燃放所剩无几的情欲能量；有人在闭锁的环境里，变得歇斯底里，陷入癫狂；每天还会有提着各种学说和诡辩术产品的货郎轮番上门推销。汉斯只要一个不小心，不是掉进混沌而堕落的欲望窟窿里，就是会被游方术士所迷惑。但是，托马斯·曼却让他所有在日常状态中最稀缺的品质在此被激发，他让汉斯在自己的心灵战场上展开了搏杀，最终让那个冷酷的、理性

---

① "伟大的黑暗"来自泰戈尔诗句"创造的神秘，有如夜间的黑暗——是伟大的。而知识的幻影却不过如晨间之雾。"（"The mystery of creation is like the darkness of night—it is great. Delusions of knowledge are like the fog of the morning."）泰戈尔用隐喻表达了创造力的珍贵、可遇而不可求以及创造过程的神秘、幽深和曲折。

② 《瓦尔普吉斯之夜》是歌德的《浮士德》和托马斯·曼的《魔山》里共有的篇章。两位德国作家描述了生命中野性的魔力，同时又表现了不可控的、破坏的、带有自我毁灭性的美。

的和严肃克己的自我打败了那个轻飘飘的、躁动的和狂热的自我。托马斯·曼就是要在一个有血有肉、有温度的身体里安置一个苍老而聪明的灵魂，这是不是浮士德精神的重置？我们不得而知。在此，人们可以发现欧洲文化中最难行的严肃路径被延伸和续写。

　　从童年起，桑塔格就是一个多思而智慧的"不安分"者，她不满足于被动地接受学校和家庭给她的可怜的知识和训练，早就开始自觉和主动地寻求精神养分。从 10 岁开始在后院里"挖掘"自己的洞穴王国，到 14 岁时第一次和罗斯福时代流亡者托马斯·曼的"下午会晤"（半虚构成分①），桑塔格走向一条自足而丰盛的"朝圣"之旅。在这密影丛丛、静默幽深的森林岔道上，标识着各种生硬古板、志坚行苦的智者名字，诸如罗兰·巴特、本雅明、加缪、齐奥兰、瓦格纳和瓦尔泽等。其中，从少年时代到晚年阶段出现频率较高的名字之一就是德国作家托马斯·曼。在桑塔格虔诚而认真的"朝圣"之旅中，《魔山》开启了"精神受难"之旅的第一站。梅里尔和桑塔格是"朝圣"队伍中的代表，而后者对自我的发现和写作路径的确定是从模仿开始的。

　　桑塔格在创作中对于托马斯·曼"艰难"路径的模仿体现在三个方面。首先，设置智识视角。《假人》里的"我"、《火山恋人》中的大使、《在美国》中的女伶以及《朝圣》中的女子，都是经过严格训练的智识主人公，对生活体验更敏锐，对艺术和美更觉察，同时有专业而全面的智识体系。桑塔格将他们安置在大时代、大事件背景之下，让他们的智识经验和环境发生碰撞，产生对抗性。其次，选择"重大"时刻。《魔山》里"雪地"探险衍生出《假人》中的"在路上"、《火山恋人》里的"寻宝之旅"、《在美国》中的

---

① 桑塔格的《朝圣》不完全写实，其中部分时间、地点和事件带有虚构成分，因此它既不属于日记，也不属于小说，常被视为半虚构作品。

"列车剧场"以及《朝圣》里的"午后茶座"。这些重大时刻，成为主人公前后生活的分水岭和精神界碑，见证人物寻求答案和变革的行动。最后，弱写"故事"。桑塔格认为故事是容易获得的创作结果，而如何讲故事则更为艰难，她借鉴托马斯·曼慢条斯理布置环境的习惯，将说故事变成更加综合的事情。托马斯·曼的"慢速礼赞"是对细节的强化、环境的铺陈以及对故事性的弱写，这些在《床上的爱丽斯》等作品中体现得更明显。桑塔格认为讲出一个故事远没有如何讲故事来得重要。

《魔山》铺陈的领域多元而复杂，是一部面对理智之年读者的"百科全书"，对于 14 岁的桑塔格而言，是超越年龄和阅历之上的艰难之选。因为，文本接受同样必须遵循生命的规律，而厚重、密匝的长篇小说要么被孩子们从眼前自然过滤，要么就被束之高阁，打入冷宫——它们必须被延后。只有当时间真正经历了阅历的熬煮，甚至人到中年，才有可能真正点燃它们的生命之光。对于桑塔格，它既是青春与自我发现，也是萌动和严肃之间的"分水岭"，是她逃离童年的空洞，通往丰盛岁月的"界碑"。正如她在《朝圣》半虚构文本中点到的主题：旅行、自我发现、肺病以及伦理的严肃性等。每一处都和桑塔格自我认知和选择不谋而合。她认同欧洲文化的核心正是"伦理的严肃性"。桑塔格知识宫殿的打造，是师法智者和超越自我的过程。了解桑塔格的"朝圣"起点和路径，便能更清楚地知晓其全面的知识体系。因此，《魔山》是起点，而托马斯·曼的创作和批评理论则是驿站，也是密码。

二、尝试文学的极限实验：打造智库大厦

托马斯·曼的叙事文本正常都介于 60 万字到 100 万字之间，"他的小说动辄写 800—1000 页（约瑟四部曲达 1500 多页），论文

动辄写 50—100 页（《一个不问政治者的看法》达 500 多页）"①。
内容之广博，视角之宽阔，常常让人难望项背，具有"大百科气
象"和"杂学特征"。桑塔格认为，"小说的一个未来就以混合媒
介的形式出现"②。她认为，好的和坏的、跨界的内容都可以纳
入其中，与托马斯·曼的学术收藏爱好如出一辙，她虽然少有大
部头长篇巨著，但往往会在小说文本中夹杂大量的医学、哲学、
艺术、文学和政治学等学术概念和清单目录，使每一页都成为名
副其实的学术指南，常让人感叹自己"知识太少"。二人非常热衷
于让阅读者不停地查找辞典和查阅文本背景，事实上，他们对于
接受者有意进行筛选，力图留下他们认为最终有耐心读完，有可
能读懂并能做出积极回应的阅读者。托马斯·曼挑战的是人的耐
力和记忆能力，而桑塔格挑战的是人的知识储备和消化能力。某
种意义上说，他们的文学表达是一场极限实验，为他们自己和这
一时代打造全方位的智库大厦。尽管在托马斯·曼活着的时候，
这一野心饱受诟病，而他也被人说成是"高级文抄公"和"文化
市侩的百科全书"派；桑塔格也多次被质疑为"卖弄学术"和"思
维凌乱"。但不可否认的是，他们挑战阅读极限的成果是可视的，
给予文学以更多的弹力和维度，让文本趋向更深和更广。

两人均喜欢记笔记，做注释，穿针引线。托马斯·曼的小说
为"智性"小说、"修养"小说的代表③；桑塔格的作品则多是笔
记、札记形式。两者的创作均是"百科全书式"写作技法在现代
文学中的具体实现。托马斯·曼的小说具有笔记和史料功能，其
中自然科学、宗教、艺术、心理学和政治等领域被全面涉及。桑

---

① 黄燎宇. 60 年来中国的托马斯·曼研究[J]. 中国图书评论, 2014（4）: 111.
② 桑塔格. 心为身役: 苏珊·桑塔格日记与笔记（1964—1980）[M]. 里夫, 编, 姚
君伟, 译. 上海: 上海译文出版社, 2015: 177.
③ "智性"小说、"修养"小说是德国文学传统的一部分。

塔格对每一个智慧学科均表现出同样多的兴趣，她和托马斯·曼
对跨领域知识的野心完全一致。首先，他们对疾病和现代医学均
表现出较多的敏感度。《布登勃洛克一家》里提到了胃病、脑结核
病、神经炎症、伤寒等疾病；《死于威尼斯》中谈及了欧洲流行病
霍乱；《魔山》里大量涉及 X 光线、肺结核病治疗等医学内容。
正如黄燎宇在《一部载入史册的疗养院小说——从〈魔山〉看历
史书记官托马斯·曼》一文中所写："在欧美风靡近百年的肺病疗
养院也许是人类最荒诞的医学发明之一，长篇小说《魔山》则为
肺病疗养院留下一幅耐人寻味的文学素描。小说不仅记录了疗养
院生活的方方面面，堪称一部疗养院大全，而且对袖珍痰盂、X
光体检、心理分析这类医学领域的新生事物进行了饶有兴味、别
具一格的描写。"[①]托马斯·曼从身体疾病谈起，重点讨论了肺结
核病的症状、诊疗以及相关学说和流派，其中包括多次提及所谓
"静卧疗法""心理疗法""音乐疗法""食物疗法"等。从"肺结
核疗养院"这一角度写作，是跨越学科界限的小说实验。姑且不
必追问他的实验疗法是否科学，但小说在心理疾病和时代疾病问
题上有密集的整理和归档。因此，疾病既是虚构写作，也是非虚
构写作，是对世纪顽疾恐慌和疑问的回答，也是对时代的预言。
《浮士德博士》则大量讨论梅毒和精神病等问题。以席勒为主人公
虚构的短篇小说《沉重的时刻》也讨论到疾病的问题。托马斯·曼
在《沉重的时刻》里提及"伤风""流行性感冒"和"急性胸病"
3 种疾病，塑造了难于生活、艰于创作的席勒，尝试解释"沉重
的时刻"之必然性和特殊性。毛亚斌在《作为文化技术的诊疗及
其文学化——以〈布登勃洛克一家〉为例》一文中探讨了有关疾
病和诊疗的文化技术属性等问题。他认为"文化技术四维度"包

---

① 黄燎宇. 一部载入史册的疗养院小说：从《魔山》看历史书记官托马斯·曼[J]. 同
济大学学报（社会科学版），2018，29（2）：1.

括"符号维度""工具维度""感知维度"和"认知论维度"。他认为:"小说既是文学虚构世界里各种疾病的创造者,也是其阐释者和治疗者。"① 托马斯·曼的写作尝试不仅开辟了现代小说的先河,同时也启示了后期有关疾病主题的创作,例如桑塔格的《疾病的隐喻》《床上的爱丽斯》都深受其影响。托马斯·曼的医学小说写作为文学创作注入了理性的视角,同时又形成了多维度对话的平台;其为虚构和非虚构创作打通了桥梁,提供了互为求证的条件。

桑塔格对疾病问题的关注集中体现在《疾病的隐喻》论文集中,她讨论了癌症、结核病和艾滋病等世纪难题,和纳丁·戈迪默等人对艾滋病发起过演讲和号召。除此以外,在《床上的爱丽斯》里讨论了疾病与环境之间的关系。这两部作品都是在托马斯·曼等人的启发之下完成的文本,前者借鉴了托马斯·曼对疾病现象背后社会问题的感受力;后者则用对话的形式发展了"山庄"疗养院的话题,让对话发生在医院的病房里,续写不同视角之间的冲突。值得一提的是,与托马斯·曼夸大某些疾病的神奇效能并强化疾病的意义符号的思考不同,桑塔格将疾病置于疾病问题本身以及疾病背后的思维定式和文化隐喻这一问题上,她认为"消除或抵制隐喻性思考"才是"对待疾病的最健康的方式"。②

在宗教问题上,二者都有较多关于神秘主义、传统宗教、圣杯、信仰危机与分歧、瓦格纳宗教剧等问题的探讨。在《浮士德博士》及《魔山》里,大量涉及瓦格纳音乐及宗教讨论。《汤豪舍》《帕西法尔》《罗恩格林》等音乐作品里则表达了救赎、寻找圣杯

---

① 毛亚斌. 作为文化技术的诊疗及其文学化——以《布登勃洛克一家》为例[J]. 外国语文, 2019, 35(2):69.

② 桑塔格. 疾病的隐喻[M]. 程巍, 译. 上海:上海译文出版社, 2003:5.

以及宗教神秘主义主题。[1]但在瓦格纳问题上，二者表现出分歧。托马斯·曼对瓦格纳宗教音乐的关注延伸到了政治领域，其后发表了一些有关民族主义、犹太人问题以及艺术与政治关系等相关文章；而桑塔格则将宗教音乐的兴趣转移到了戏剧创作，其八幕剧《床上的爱丽斯》中的五人对话里多次涉及《帕西法尔》的话题。

二者在创作中对政治问题均表现出惊人的敏感与洞察力。他们都是生活在欧洲一体化文化背景之下，都带有不显著的犹太裔作家身份，兼有部分的人文主义理想。托马斯·曼对于纳粹问题、民族主义以及欧洲民主进程等问题都有犀利的见解，从追随民族主义精神到走向反思和捍卫民主、理性原则，经历漫长和曲折的发现之旅。桑塔格一直是左翼作家的代表，参与萨拉热窝和平运动、访问和考察越南并支持反战运动，反思"9·11"事件，提出解散关塔那摩监狱建议等。他们都有成熟的历史观，在各自的创作中改编过不同年代的历史题材作品并形成独特的回应和完整的思考。其中，托马斯·曼的《约瑟夫和他的兄弟们》四部曲、《绿蒂在魏玛》、《艰难时刻》等作品分别取材于《圣经》、歌德和席勒的历史题材故事；桑塔格的《在美国》《火山之恋》《床上的爱丽斯》《朝圣》等分别取材于波兰歌唱家赫莲娜·摩德洁耶夫斯卡、英国汉密尔顿夫人、亨利·詹姆斯家族以及流亡作家托马斯·曼的历史故事。同时，他们在艺术领域的理解与感受有惊人的相通性。他们对于美、音乐、绘画、雕塑以及灵性都有丰富的描述，这部分在本节第三部分里可以结合"隐性的艺术家审美视角"一并谈及，此处略去。

---

[1]《帕西法尔》是瓦格纳创作完成于 1879 年的最后一部歌剧，主人公帕西法尔带有"圣愚"的特点，是守卫圣杯最终的被选者。帕西法尔纯净、固执且愚钝，抵御常人所抗拒不了的欲望，完成了凡人不可能完成的任务，展现了瓦格纳在晚年时期的宗教思想。

三、显性的零度写作身份：隐性的艺术家审美视角

（一）显性的零度写作身份

托马斯·曼和桑塔格强化"艺术家视角"，建构美和艺术空间。同时，在语言和情绪被滥用的现代语境背景下，借助身份的抽离和减少介入实现细节的打捞，放大了文本空间。抽离和中立的"零度写作身份"让艺术审美摆脱了痴迷、片面和胶着，形成持续有效的对话，表述文本意涵。

"零度写作"概念来自罗兰·巴尔特文论批评论集《写作的零度》。译者李幼蒸认为，"巴尔特的文学'中立主义'似乎是直接针对着萨特和左翼文学的'介入道德'观的"[①]。罗兰·巴特提出，"零度的写作根本上是一种直陈式写作，或者说，非语式写作。可以正确地说，这就是一种新闻式写作"[②]。罗兰·巴特认为这是"一种毫不动心的写作，或者说一种纯洁的写作"[③]。在语言和情绪被滥用的现代语境背景下，抽离身份和保持中立成为可贵的写作姿态。因此，现代和后现代主义作家认同语言做减法的选择，强调放空文本的建筑空间，对此，桑塔格有颇多阐述，主要散见于《沉默的美学》《写作本身：论罗兰·巴特》《纪念巴特》等论文里。零度写作理论提出的时间相对较晚，然而零度创作姿态由来已久，早在日本平安时代就被紫式部用来打压和抨击以"主情"散文《枕草子》创作成名的清少纳言。[④]后来的本雅明、加

---

① 巴尔特. 写作的零度[M]. 李幼蒸，译. 北京：中国人民大学出版社，2008：3.
② 巴尔特. 写作的零度[M]. 李幼蒸，译. 北京：中国人民大学出版社，2008：48.
③ 巴尔特. 写作的零度[M]. 李幼蒸，译. 北京：中国人民大学出版社，2008：48.
④ 紫式部评价清少纳言："即使在清寂无聊的时候，也要装出感动入微的样子，这样的人就在每每不放过任何一件趣事中自然而然地养成了不良的轻浮态度。"这种评价除了政见和立场的区别，更多体现在创作理念上的疏离，因为紫式部更在意"不动声色"地表现、隐藏作家的心理轨迹，而清少纳言则更多偏向"主情至上"。克制和主情本无好坏之分，只是创作立场的差异而已。

缪等人都不约而同地提出"中立""悬置"和"回避"等创作理念，这些都与巴特的零度写作理论遥相呼应。托马斯·曼的时代没有"零度写作"理论，但在他的几部小说里都采用了严苛的零度姿态，减少情感的浸入，减少情绪化的波动，尝试做一名冷静的观察者，并且成功地在 66 万字的小说文本《魔山》里获得实现。从托马斯·曼到巴特，再到桑塔格，他们都在文学语境中默认了零度身份，尝试给予文本更大的开放性和包容性。

《魔山》小说文本看似连绵不断，蔚然成篇，但实际是由大量断裂的碎块组织起来的超级文本。而这种断裂和碎片化的书写结构，是现代派和后现代文学最常见的表征。片断絮语体现在《魔山》里是分层的时间流动，例如高山上的时间和平地上的时间是两套系统；同时，也体现了不同文化板块之间的不可渗透性和对抗性，因此，在午餐时间里，人们的桌子是分区域的、固定的，且每个人都遵守着自我独立的秩序，而日内瓦肺病疗养院里的争吵也让人习以为常。托马斯·曼创作的本意不是要让分离的时间流汇合，也不想将塞特姆布里尼、纳夫塔、约阿希姆、贝伦斯顾问大夫、克罗科夫斯基大夫和皮佩尔科尔恩的争吵从诊疗室、会议室、病房里清除。事实上，他在大量地制造裂隙、断层、碰撞和分流。一个小小的疗养院包藏着来自斯拉夫文化、盎格鲁撒克逊文化和蒙古文化等多重内容，它是"战场"，也是"赋格曲"。[①]一个充斥着各种碎片和争吵声的小说文本是没有中心叙事者的，但是它能够被组织和黏合到一起，全部归于"凝视"和专注的观望者。汉斯就是穿插于文本中的"凝视者"，这一年轻的见习工程师自从探亲来到高山上以后，他旧有的世俗身份几乎完全丧失，在和表兄约阿希姆往来的过程中，他的工程师背景也不见了，只

---

① 顾明生. 文类的赋格曲——论《朝圣》文类复调结构的实践与争议[J]. 解放军外国语学院学报，2013，36（2）：106.

有一个亲人属性，而当约阿希姆病逝以后，他彻底丢失了背景和时间的见证人身份。换言之，他成为一个真正的"看客"，游荡在疗养院和氧气稀薄的雪地里，在失去了地缘和亲缘关系之后，某种意义上，汉斯获得了空前的自由并对环境进行全面审视。他观看过数场精彩绝伦的纳夫塔和塞特姆布里尼舌战，并多次被二人游说拉拢，最终也不了了之；他亲近表兄约阿希姆，与之朝夕相处，尊重其严苛自律的军人习惯但自己对此却完全油盐不进；克罗科夫斯基大夫和游方术士向他展示最新的弗洛伊德学说和"回魂术"，想让他变成玄学派的信徒，并在回魂术制造的烟影里让他看到了表兄模糊的脸，但在唯一一次被催生眼泪之后，他又一如既往地保持沉默。汉斯是托马斯·曼在 1924 年创造出来的零度观众，他的零度身份对桑塔格创作有深远的影响。桑塔格的大部分文学创作都接近这一类作品的风格。

　　心理与行为科学研究证明，人类的记忆和储存空间有限，因此，这会造成人们在记住一个要点时，遗忘另一个。面对浩如烟海般的百科全书条目，汉斯在打造自己的精神阁楼的时候，与其说他在不断堆砌材料和做加法，还不如说汉斯在删除和做减法。在甄别和筛选的过程中，他习惯用一组一组极具冲撞性的案例和实验互相对抗。我们会发现，其实他哪一头都没有做选择。我们可以把这样一种选择称为身份隔离和立场休止。

　　从平原到高山探亲的汉斯发生了身份中止和立场休假。在这段被以游客、亲友和病人命名的身份阶段里，汉斯的精神轨迹是半明半暗的。我们知道，对于长在个体记忆深处以及融化为自然行为和习惯的精神界面，人们往往不必言说。就像《伊利亚特》里拉奥孔被杀、阿伽门农和克吕泰涅默斯特拉的恩怨情仇没在 15693 行里展示；《牧歌》里维吉尔房屋和雇佣军征用其物产并未被明确书写。这些未细说的故事和记忆如同绘画作品的暗淡底纹，它本是重要而关键的部分，人所皆知，不必再提。因此，我们在文本中看不到汉斯精准、明晰的身份背景。人们对汉斯的认知是从一组一组的辩论、一次又一次的宴席以及与他者的对比中获取的。

桑塔格研究路径带有明显的发散性，没有一条笔直的康庄大道直指要领，而是充满迷离的分岔小径。桑塔格刻意制造难度并引导人们慢速感受。她的研究意义正在于剥离本身，以及在剥离的过程中一组一组地配比和冲撞。年少时挖掘隧道的桑塔格和汉斯一样充满好奇、迷茫并野蛮生长。在他们的周围一直不缺好为人师的尊者和说客，但他们并未急于接纳哪一种，而是继续旅行和游荡。疗养院之旅中见识到的"精神瘫痪"之说、"人文主义"之说、"基督教神学"之说、"免疫疗法"之说和"享乐主义"学说等，均缺乏完整性和系统性，让汉斯的茫然、冷漠和中立显得完全处于情理之中。桑塔格在《魔山》里看到了但丁穿越黑暗森林式的风险、激荡和智性的英雄主义。我们始终难以完整地复原托马斯·曼究竟在 7 章、66 万字里写了多少人的争吵，我们也无法将桑塔格的思想以线式的脉络归档整理，因为分离和争执是核心的美学特质。

他们的意义在于他们共同的发现。他们同样发现这一世界和生命的本质是不确定性和碎片化。正如梁永安"在小径交岔的花园里，让我们谈谈文学"讲座所言，"生命的本质是不确定性"，"当我们面对这个世界时，才发现它充满无数个岔道"，"而人作为个体面对这一世界时，看到的是碎片化的世界"。托马斯·曼和桑塔格都站在欧洲丰厚而庞大的精神大地之上，但他们又同时发现没有哪一个独立的思想体系和理论能够完整地解释一切问题。既然没有一个理论可以解决一切，那么研究和创造就变成具象化和知识性的穿越、浏览和对视。《魔山》成为智性至上的百科全览，它给医院、疗养院、军队、政府、神学院、学术机构以及各种团体提供了参照背景；《在美国》《疾病的隐喻》《火山恋人》和《床上的爱丽斯》等文本为歌剧院、癌症研究所、考古学家以及女权主义运动等都提供了空间和细节。《魔山》里那个一直在看、听、观察和游离的汉斯启示了桑塔格，而事实上，桑塔格认为游离和观看的意义远远大于确定和定义本身。所以，桑塔格说，"我反对阐释"。

有人认为《魔山》反映了欧洲的思想图景，但更客观地说，这种多元的思想图景在很多时代都存在，并非为 1912—1924 这 12 年里所独有。这部小说里展现了人面对多元思想图景时的处境，但除了图景之丰富，更主要地强调了人的观看，人的凝视和人的思考。桑塔格也强调凝视，与本雅明所强调的历史的凝视、托马斯·曼所描述的高山上的凝视十分相近。

（二）隐性的艺术家审美视角

托马斯·曼和桑塔格在小说创作上均宣称零度身份和零度介入，而实质上依然无法回避和掩饰挑剔和自恋性的艺术家身份和审美视角。正如桑塔格在《火山恋人》中写的那样："永远不要相信艺术家。他们有两副面孔——即使那些表里如一身体力行的奉承者也不例外。"[①]

托马斯·曼对艺术的挑剔和刁钻早在《死于威尼斯》（1911）和《魔山》（1924）里就有全面的展示。构思于 1905 年，最终于 1947 年完成的《浮士德博士》则用惊人的笔法改编和夸饰了"艺术灵感"的崇高性。钱鸿嘉在《死在威尼斯》译本序中引用作者的原话，评价这部作品"是一个名副其实的结晶品，这是一种结构，一个形象，从许许多多的晶面上放射出光辉"[②]。波兰裔俊

---

① 桑塔格. 火山恋人[M]. 李国林，伍一莎，译. 南京：译林出版社，2002：159.
② 曼. 死在威尼斯[M]. 钱鸿嘉，等译. 上海：上海译文出版社，2010：译本序.

美少年塔奇奥被塑造成艺术品的化身，他安安静静地伫立在宴堂里、广场上，就是一幅精美的艺术画。托马斯·曼用了一种夸张的方式，描写了如日中天的艺术家阿申巴赫是如何在完美的艺术面前陷入癫狂、丧失理智并最终沉沦和消亡的。他认为，完美的艺术品是灵性的瞬间展现，可遇而不可求，而艺术家为了追随这样一个美的瞬间，需要付出漫长的等待和不可修复的代价。托马斯·曼借用阿申巴赫之口这样感慨道："只有美才是既可爱，又能看得见的。注意！美是通过我们感官所能审查到、也是感官所能承受的唯一灵性形象。"[①]1971年，这部中篇小说被意大利导演卢基诺·维斯康蒂改编成同名电影《魂断威尼斯》，其中的美少年由16岁的瑞典演员伯恩·安德森饰演，而当他在宴会大厅里出现时，那一幕几乎成为电影史上的惊鸿一瞥。

《魔山》则是有别于小微文本《死于威尼斯》的一部巨型、长廊式作品，它细腻、冗长和繁复，并不遗余力地推出艺术品。它不同于《死于威尼斯》里那种"瞬间的发现""战栗"和"惊鸿一瞥"，而是一种更为慢条斯理的表达，是一种看似漫不经心的陈列和展示。这种慢条斯理的表达方式被批评界称为"慢速礼赞"。黄燎宇在两篇文章里均提到"慢速礼赞"，他认为"席勒的'慢速礼赞'既来自托马斯·曼的创作危机，也反映出他与崇尚灵感……对立的诗学立场"[②]。他说："慢速礼赞是托马斯·曼作品中的一个主导动机，写作慢手和写作困难户常常成为写作大家和写作天才的伪装形象。'作家就是比别人下笔艰难的人'。"[③]从规模上看，后者更庞大；从速度看，它比前者更缓慢；从密度方面看，《魔山》

① 曼. 死在威尼斯[M]. 钱鸿嘉，等译. 上海：上海译文出版社，2010：272.
② 黄燎宇. 60年来中国的托马斯·曼研究[J]. 中国图书评论，2014（4）：109.
③ 黄燎宇. 情爱的形而上学——评瓦尔泽小说《恋爱中的男人》[M]. 思想者的语言. 北京：生活·读书·新知三联书店，2013：181.

更绵密。从某种意义看，《死于威尼斯》是《魔山》的前奏曲和引子，而后者则是将艺术推向巅峰、最隆重的礼赞。托马斯·曼对艺术品的推崇和痴迷主要更直接体现在对音乐的敏感和收藏方面。在《温度表》《自由》《瓦尔普吉斯之夜》《清音妙曲》等篇章里，他大量引入不同时代的乐曲和乐者，有门德尔松的《仲夏夜之梦》、曼左尼的圣歌、韦伯的《卡门》《行吟诗人》《自由射手》、瓦格纳的《汤豪舍》、亨德尔的"广板"、格里格的奏鸣曲、斯特拉迪瓦利乌斯的小提琴、奥芬巴赫的序曲、比才的《卡门》、米勒克的小歌剧以及舒伯特的《菩提树》等。

《浮士德博士》里的博士"于半梦半醒之中与魔鬼相遇"，"以感染梅毒方式与魔鬼结盟"，"魔鬼许诺他源源不断的艺术灵感和划时代突破"。[①]全书共47章，其中大部分讨论都和音乐、灵性、梦和魔鬼有关。在第二十二章里，大量出现关于艺术中的"主观"、"客观"、"贝多芬的技巧原则"、"野生"的音乐、"对位法"、"复调"和"和声技巧"等音乐专业问题的讨论。很显然，他的确对艺术痴迷，但同时也因过度彰显乐理知识，有"掉书袋"之嫌，饱受批评界质疑。在纪念席勒150年忌辰活动中，托马斯·曼写作了《试论席勒——为纪念席勒一百五十年忌辰而作》一文，在文章里，他提到了"美""灵"和"善"。他认为，"艺术家的理念是，美免除了我们惶恐不安地在此两者之间作出选择"，"'善'这个浮动的概念属于两个世界，审美的世界和道德的世界"，"这个灵过去和现在都是艺术的神化"。[②]这3个字更浓缩地概括了托马斯·曼内心对艺术的追求和尊崇。桑塔格对此有大量的回应和拓展，在《火山恋人》《在美国》作品里展现创作的回应，而在《在土星的标识下》《重点所在》《论摄影》以及日记和笔记中则体现

① 曼. 浮士德博士[M]. 罗炜，译. 上海：上海译文出版社，2016：译本序.
② 曼. 歌德与托尔斯泰[M]. 朱雁冰，译. 杭州：浙江大学出版社，2012：340.

更多艺术观的合流。

桑塔格将乐曲和乐者穿针引线地编织在小说文本里，在小说《在美国》中有对音乐、艺术的隆重的礼赞和鉴赏，其中克拉辛斯基作词、肖邦谱曲的《乐曲》，肖伯特的"羽管键琴曲"，舒伯特，"比才和瓦格纳的弦乐三重奏"，奥芬巴赫的《大公夫人》，安东·鲁宾斯坦、库尔平斯基的歌曲，奥金斯基的华尔兹，"瑞典夜莺"歌唱家珍妮·林德的《魔鬼罗勃》等，被桑塔格和戏剧及表演一起作为文本的重点全面涉及，成为小说内容的一部分。女主人公玛琳娜从波兰到美国漂流的过程，也是回顾和展示欧洲艺术的历程。小说在玛琳娜一边憧憬、一边心疼地舍弃过程中呈现了欧洲精英文化的挑剔和脆弱。《火山恋人》里作为收藏家的主人公爵士站在艺术的最前沿，将一切有风险并带来巨大愉悦感和满足感的艺术品统统纳入囊中。而事实上，大部分艺术都只能为他自己所收藏却并不能真正在商品市场中获得高频流通。他以"皮格马利翁"[①]自诩，收藏那不勒斯无人问津的火山凌灰岩、火山弹碎片、五彩缤纷的盐状物、中世纪老教堂里的无名氏手稿、17世纪冷门艺术流派托斯卡纳派大师的绘画、柯勒乔的艺术品，同时，重金买入"拉斐尔、提香、韦罗内塞、卡纳莱托、鲁本斯、伦勃朗、凡·戴克、夏尔丹、普桑等人的画作"[②]。桑塔格对欧洲艺术传统的追随和对精英文化的维护及自恋均在这两部作品中有全面的展示。桑塔格在描写他为自己罗列艺术清单时的喜悦和陶醉时，与她在日记里为自己所写的艺术品清单、书目清单时一模一样。他们都沉浸于一种无人喝彩的、丰富的、浓烈的自恋式艺术陶醉之中。

---

① 皮格马利翁，是奥维德《变形记》中的塞浦路斯的国王，他追随和痴迷于艺术，最终获得艺术的灵性。"皮格马利翁"现象带有空想、迷狂、主体意志和人工干预等寓意。

② 桑塔格. 火山恋人[M]. 李国林，伍一莎，译. 南京：译林出版社，2002：189-190.

史学家科吉斯托夫·波米扬（Krzysztof Pomian）在接受访谈时谈到，这种杂置与堆砌形成了"断裂"和"自由"，他说："这个短暂的断裂分层可谓自由之邦，珍宝被出自本能地限定在最奇特、最难获得、最令人惊讶和最深不可测的一切物体之上。"《作为隐喻的疾病》一文里，桑塔格评论了《魔山》，认为"浪漫派把疾病当作自己悠哉游哉的生活和逃避资产阶级义务的托辞，为的是只为自己的艺术活着。这是从世界抽身引退，不去承担作决定的责任——这便是《魔山》的故事情节"①。桑塔格认为"《魔山》中的冷嘲热讽大多是冲着汉斯·卡斯托普去的"，汉斯作为"古板的市民，却染上了作为艺术家专利的那种疾病"，并"变得优雅起来"。②

结　语

托马斯·曼和桑塔格在艺术创作的路径上都趋向严肃化，他们野心勃勃，期待打造百科全书式的智库大厦，远离"亲合力"，主动踏向"精神受难"之旅。同时，他们又自相矛盾，一边宣称零度创作，一边难以掩饰艺术家的自恋和挑剔。桑塔格与托马斯·曼在创作实践中的对话实现了美学实践的高度契合，体现对全才式理智时代的留恋，也是艺术家创造性活动的必然选择。值得留意的是，托马斯·曼走的是一条曲折的圆形之路，从起点到终点，看似没有变化并回归到起点——正像歌德《浮士德》中的自我发现之路，结构为圆形，回答是微妙而确定的；而桑塔格的审美路径更像是云层结构，如德勒兹的游牧者之旅，哪里有水草，哪里就会有停顿，其思维的触角体现为无限延伸、无限壮大并自

① 桑塔格. 疾病的隐喻[M]. 程巍，译. 上海：上海译文出版社，2003：32.
② 桑塔格. 疾病的隐喻[M]. 程巍，译. 上海：上海译文出版社，2003：33.

成一体。作为欧洲知识体系最有代表性的两种文学文本，托马斯·曼和桑塔格之间形成的互文对话形式，成为西方文学史上"青藜学士""拔新领异"的又一种典范，为美学研究提供了文本阐释的直接依据。

第三章　智性的戏剧

第一节　想象的茶会

八幕剧《床上的爱丽斯》以爱丽斯为主线，引出 5 个女人一段精彩的对话。各自看似毫无头绪的对白，牵扯出 5 段不同的故事、5 种迥异的人生；作为特别的戏剧尝试，它巧妙地隐藏了作者的创作动机，探讨了女性对诸多问题的理解和感悟。本节试从人物形象入手，探讨作家对女性价值、艺术创作的基本认识。

苏珊·桑塔格曾这样评价过戏剧和女人的关系：如果非得让一个女人从头到尾地出现在舞台上，几乎是不现实的，因为，舞台的中心始终为男性所占据，而欲突破这一窠臼，唯一的办法就是让她躺在舞台中央的床上，无法行走，这也就意味着她必须是一个身患重疾的残疾人。八幕剧《床上的爱丽斯》中的灵魂人物正是这样一个女子，她的行动、语言甚至是愤怒贯穿作品始终，成为西方现代剧典型的代表。这部创作于 1991 年的剧本，也是桑塔格一生中充满想象力的戏剧尝试，曾一度被人们看作女性文学的代表。作者从不同时代、不同作品召集了 5 位杰出而命运多舛的女人，在戏剧舞台演绎出一段不同寻常的人生之旅。作品以病者"爱丽斯"为中心，通过这几个性格迥异的女性之口，探讨了女人生存的困境以及女人对理想的追求。桑塔格这样评价过自己晚年的代表作："我感觉我整个的一生都在为写《床上的爱丽斯》做准备。"[①]

一、病者：爱丽斯

疾病是一种象征，一种隐喻，一种审美手段和叙述策略。爱丽斯是桑塔格有意沿用英国作家刘易斯·卡罗尔童话作品《爱丽斯漫游奇境》中的主人公的同名人物。爱丽斯在 42 岁不幸患上乳腺癌，而在此之前，身体上的病痛和精神上的抑郁构成了她生活的全部。戏剧一开场就为我们介绍了这位主人公，她家境优越，备受宠爱，却身心疲惫，非常绝望。观众和读者在观察这个人物的时候，也许首先感到的是她的怪异，让人无法理解。但当人们继续关注剧本的内容，便会发现折磨她最深的在于她的精神焦灼，一种深深的自卑感，一种在家庭生活中的劣势和对自己天才潜质的茫然无知。简单来说，自卑、抑郁、焦灼，渴求解脱和逃避现实构成了她性格的全部。爱丽斯生活在家境优厚的中产阶级家庭，父亲是个对子女影响极大的成功商人，爱丽斯儿时的家教极为严格，但作为唯一的女儿，爱丽斯却被要求得很少，因为她身体赢弱，因为她是女人，而哥哥们成年以后都在自己的事业上取得了杰出的成就，大哥是美国小说家哈里·詹姆斯，二哥威廉·詹姆斯被誉为最伟大的心理学家和伦理学家。爱丽斯仿佛一直生活在巨人的阴影下，在还只有 13 岁时她居然就有了自杀的念头，并且将之告诉了自己的父亲，没想到父亲居然也答应了。阴差阳错，她苟且活到了而立之年，但她与世隔绝的生活和简单的想法，使

---

① 桑塔格. 床上的爱丽斯[M]. 冯涛，译. 上海：上海译文出版社，2007：5.

得她的心理年龄似乎总处于童年阶段，与刘易斯·卡罗尔笔下的爱丽斯一样，她们都渴望逃避到成人世界之外的童话王国，不愿长大，并且对成人世界角逐的名利之实深感痛恨，可悲的是她们有无比强大的潜能和才质，而自己似乎并不知道，也许对于两个同名的爱丽斯来说，在疯狂的茶会上，时钟永远停留在下午 6 点，和稀奇古怪的动物们无忧无虑地聊天喝茶，才是人生最快乐的时光。

二、隐遁的天才：艾米莉·狄金森

在疯狂的茶会上，桑塔格召来了 19 世纪美国作家的亡灵，其中一位是美国现代诗歌三杰之一艾米莉·狄金森（1830—1886）。终其一生，隐遁出世，死后留下 1700 多首优美的诗歌，但在世时，她只发表 10 首不足。就像桑塔格在《床上的爱丽斯》序言中所说，"一个女人因不知该如何对待自己的天才、自己的独创性、自己的进取心"[①]，而最终成为一个隐士。狄金森从 30 岁开始便不再离开家庭半步，一直到她去世以后近百年，她的日记和诗歌才重见天日；美国人震惊如此优美、缜密的文字居然出自一位整日操持家务的女人之手，而这个女人在成年之后几乎失去了与外界的联系。

剧本第五幕里，艾米莉同其他几位亡灵同时出现在舞台上，舞台上呈现出空前热闹的景象。第五幕里的人物对话是整部剧本的中心，而有关狄金森的台词在剧本中共有三四处，设计得相当简洁，富于哲理性，成为该剧最为闪耀的部分——"好意总不嫌早""等候更是最好的问候""需要就像一朵花，而我已准备好了我花一样的微笑""人无法正面去思考死亡正如人无法正视太阳。

① 桑塔格. 床上的爱丽斯[M]. 冯涛，译. 上海：上海译文出版社，2007：19.

我只把它想成是斜的""死亡是衬里，是缰绳""兴高采烈是个既可爱又致命的词儿""对我而言，穿过那条乡间小道就是一次冒险""白昼一有机会随时都会开始""一颗患病的心灵，就像一副患病的身体，既有痛苦的日子也有舒畅的时光"。[①]桑塔格有意让艾米莉的语言看起来更加诗意、更为深刻。这段精心设计的对话，恰恰浓缩了艾米莉在其 1700 多首诗歌里所探讨的问题：死亡、永恒、自然及爱。这些简短、深刻的语言也从侧面表现了诗人自闭、内省的性格特征。

狄金森被桑塔格有意地选择，从某种意义上是为了进一步强化爱丽斯自闭、沉默及退缩的形象塑造。因为，这二者在这一方面有惊人的相似之处。但有所不同的是，艾米莉更清楚自己的生活是一种别人无法理解的生活，但对于自己而言却极为精彩，她精心地为自己营造了一个理想家园，一种诗意化的生活，这种生活可以将卓越之光照进平凡的生活，将乏味而单调的日子变得更加有滋有味，正如狄金森在诗歌中写道："'希望'是个长羽毛的东西——/它在灵魂里栖息——/唱着没有歌词的曲子——/永远不会——完毕——"[②]"我居住在可能里面——/一座比散文更美的房屋——/有着数目更多的窗户——/门——更是超凡脱俗——/房间如同雪松林木——/眼睛难以穿透——/一个永久的屋顶由斜折形的苍穹造就——/来客——最优秀——/为占用——这个——/展开我窄小的双手把乐园包罗——。"[③]狄金森所说的"乐园"正是一种诗化的生活，一种脱离了平庸和俗事的生活，它和艺术有关，同时它又热切地述说着女人的梦想。

---

① 桑塔格. 床上的爱丽斯[M]. 冯涛，译. 上海：上海译文出版社，2007：48-88.

② 狄金森. 狄金森诗选[M]. 蒲隆，译. 上海：上海译文出版社，2010：18.

③ 狄金森. 狄金森诗选[M]. 蒲隆，译. 上海：上海译文出版社，2010：47.

三、渴望救赎的灵魂：昆德丽

昆德丽这一形象至少和两部作品相关：《圣经》《帕西法尔》。前者的昆德丽由于无情地嘲讽受难的耶稣而受到上帝的诅咒，从此变得完全失常。在后者瓦格纳的戏剧里，这一形象被再一次解读，她是整部剧本唯一的女主角，但在男性光辉而灿烂的形象映衬下，显得异常灰暗和渺小。苏珊·桑塔格喜欢用"爱睡的袋鼠""睡鼠"来形容昆德丽，而事实上，我们从《圣经》和《帕西法尔》里面看不到昆德丽一丝可爱的影子，而只有倦怠、挣扎、逃逸和惩罚。这是一个渴望救赎而又愤愤不平的灵魂。

在《床上的爱丽斯》中，桑塔格留给昆德丽的台词并不多，最多的一句是"我想睡觉"。这一句看似平淡的话道出了女人对生活的无奈和绝望，一心想逃避、获得解脱。为了救赎自己罪孽的灵魂，昆德丽必须一次一次地"轮回转世"，每一次的转变都不是她自己可以选择的，这让她痛苦不已。为了一次小小的过失而付出惨痛的代价，这似乎在表明生存是荒诞的。桑塔格只是给我们指出了昆德丽的毛病：爱瞌睡。但没有说出她倦怠的真正原因。理解这一形象最关键的一点：应该把她和床上的爱丽斯联系在一起。这两个人几乎同病相怜，内心有一种想逃离现实的强大决心，但是为某种痼疾所阻挡，爱丽斯是因为害怕或自卑，她不相信自己的力量和智慧，因为一直以来她生活在哥哥们的阴影之下，她的才华有一半被她自己消耗殆尽，令人十分惋惜。昆德丽曾经试图去挑战权威，但换来的却是狼狈下场：一次一次的轮回转世，想被救赎而又无法被救赎。在描写昆德丽引诱骑士们的内容里，我们似乎看到了一种东西，那就是两性的敌对。骑士们一旦爱上了昆德丽，立马便会受到诅咒，而唯独帕西法尔这个"纯洁的愚者"由于拒绝而获得了上帝的拯救。这一结果把女人试图改变命

运的荒诞性表现得更加浓重。简言之，她是一个可悲而又可怜的
形象。桑塔格的八幕剧了了几句的台词似乎正向我们说明这一问
题。女人的一生总是被很多外界的、自身的问题所困扰。寄希望
于他人或宗教救赎几乎是不可能的。她想让我们清楚地看到在昏
睡的"袋鼠"心里有一种决心应该被唤醒，那就是女人的自我救
赎。除了这一点之外，还有一点：羞愧。昆德丽试图用女人的魅
力去引诱帕西法尔，但失败了。这种羞愧让她从此抬不起头来。
如果说这是瓦格纳最初写戏时安排的救赎结果，还不如理解为否
定救赎。

《圣经》里的夏娃、黛利拉、大利波等，这些女人都被塑造成
意志薄弱、虚伪、口蜜腹剑的形象。在瓦格纳的戏剧里，这一主
题被延续下来，瓦格纳似乎想告诉人们：女人寻求解脱的办法就
是停止介入重大的社会生活，变成生活的愚者。但在桑塔格笔下，
我们似乎又发现了别的东西，那就是对救赎和被救赎的彻底否定。

四、理想主义者：玛格丽特·福勒

玛格丽特·福勒是美国杰出的女性作家代表，其《十九世纪
的女性》是一部才华横溢的扛鼎之作，在以男权为中心的早期西
方社会，较早地提出了关于女性意识、女性觉醒这些想法。言语
大胆，思想深刻，逻辑清楚，一经问世，立即引起人们极大的关注。

桑塔格曾经为美国女诗人狄金森哀叹过：一个女人最大的悲
哀就是她不清楚自己的力量，并且把它无谓地消耗在琐碎而令人
绝望的生活里。很显然，作为狄金森的反面，福勒始终很清楚自
己的艺术才华和强大的潜力，她表现出一种不畏艰难的进取心，
甚至是勃勃的野心，是一个女人身上表现出来的美国精神。西方
有一位作家曾跟别人开过一个玩笑：世界上任何一个男人都可以
做父亲，而能做我现在做的事情的人，只有 5 个。如果放在福勒

的身上，这句话非常适用。女人的最高价值到底如何实现？我想，这不仅是桑塔格和福勒思考的问题，也是所有怀抱理想的女人冥思苦想的东西。

桑塔格几乎在绝大部分她的作品里均巧妙地回避了关于性别的话题，然而，她所崇敬的美国前辈福勒却似乎完全相反。福勒的《十九世纪的女性》就像一座铜墙铁壁，屹立在文坛上，受到来自四面八方的攻击和非议，尽管看起来伤痕累累，但仍然岿然不动。我想，桑塔格把福勒放在她的作品里是有道理的。因为，作为一名作家，她不仅欣赏福勒的艺术才华；而作为女人，她更敬佩的是福勒敢于先声的勇气和魄力。《床上的爱丽斯》一反常态地直面女性话题，而且旗帜鲜明地告诉人们这是一部关于"女人的悲哀和愤怒的戏"①，似乎彻底地推翻了英国女作家安吉比·默克在《后现代主义与大众文学》中所有的微辞。

福勒的事业华丽开始，却意外中断，她的英年早逝，再一次把这一敏感的问题抛给了后人。这是一个永恒的话题，也是一个永恒的矛盾。在一百多年以后，《床上的爱丽斯》又一次把它呈现给世人。

五、复仇女神：迷尔达

芭蕾舞剧《吉赛尔》中的复仇女神迷尔达为何被桑塔格选中，放在剧本中？桑塔格在开篇反复提及有关女人的愤怒，也许灵感正来自《吉赛尔》。它表达了女人为生活所欺骗所产生的报复心理，以及用极端的手段来谴责不道德的行为。这是一出关于女人愤怒的戏剧，迷尔达或许是舞台正中央大声疾呼的歌者，她可能是整出戏的焦点。作为《吉赛尔》中的威利斯女王，因为在结婚

---

① 桑塔格. 床上的爱丽斯[M]. 冯涛，译. 上海：上海译文出版社，2007：序.

前被爱人所抛弃而伤心死去，她的鬼魂和许多心碎的精灵聚集在一起，成为一支强大的复仇队伍。每个来到墓地的变心男子都会情不自禁地和精灵们同舞，直到累得精疲力竭而死去。优美的舞蹈成为杀人的利器，让人不寒而栗。在剧本《床上的爱丽斯》中，迷尔达劝诫昆德丽："这就是你的复仇呀。男人不是将女人变成娼妓就是变成天使，你怎能相信这些鬼话？"[①]

"天使"被男性文化奉为偶像，而"妖妇"则是堕落和毁灭的根源。很显然，无论是天使还是妖女，都是对女性的歪曲。迷尔达对女人自甘毁灭的行为表达了自己的不满。伍尔夫在《一间自己的屋子》中形象地表现了女人如何受到"天使"的困扰，如何在观念、规范和禁忌的压制下，为不能真实表达自己的生活体验而痛苦，安琪儿意味着迷人、毫无自私、极富同情心。西蒙·波夫娃也曾半开玩笑道："如果吃鸡，她捡鸡肋吃；如果屋子漏风，她站在漏风口顶着……她的言行举止表明她从未有自己的心愿和心计，却总是百叠心肠般地同情别人、温柔地顺从别人。"[②]伍尔夫告诉人们，一个女人要成为真正的自我抑或"升格"为作家，她必须敢于冒两种险：一是丢弃天使的偶像包袱，二是倾诉自我作为一个血肉之躯的真实体验。苏珊·桑塔格借用迷尔达的声音有力地回应了伍尔夫，使得全剧具有了一种历史的纵深性。

结　语

爱丽斯、艾米莉、昆德丽、福勒和迷尔达这 5 个女人在桑塔格的舞台上各自言说着自己的人生，使整个舞台由原先孤独者的病床一下子蜕变成疯狂的茶会：时间永远定格在下午 6 点——因

---

① 桑塔格. 床上的爱丽斯[M]. 冯涛，译. 上海：上海译文出版社，2007：85.

② 西蒙·波夫娃. 第二性[M]. 桑竹影，南珊，译. 长沙：湖南文艺出版社，1986：204.

为这是属于她们最自由的时光。在茶会上，尽管彼此陌生，但声音却如此相似；桑塔格有意将 5 个分属于不同时代、不同境况的女人联结到一起，用彼此的对话来回答人们对作家提出的种种质问。这无疑是一出巧妙的戏剧。

作为一部戏剧，很显然，《床上的爱丽斯》的谋篇布局和台词设计都是不成功的；但作者在作品中一贯表现出来的深刻思想性，却成为作品最耀眼的地方。舞台上巧妙地安排了 5 人对话的场景，让人浮想联翩，不同的人生，同样的话题交织在一起，意味深长。让人感到惊喜的是，一个几乎从未在作品当中正面讨论过关于女人话题的中性作家，一个惯于以男性话语来驾驭文本的女性作家，居然以一种全新的、毫无保留的姿态向人们提出了诸多问题。这的确是一次重大的尝试。当然，桑塔格仍然也不忘记提醒人们，"我不喜欢被贴标签"，言外之意：我不只是为女人而言说。

第二节　悬置的配角

作为苏珊·桑塔格戏剧代表作之一，《床上的爱丽斯》塑造了近 10 位配角形象，形成了配角形象系列。这些容易被忽视并被悬置的人物在整本戏剧中作用明显，他们通过自身的言语和形体动作对戏剧内容的建构发挥着独特的作用，主要体现在推进情节发展、凸显主角形象和深化戏剧主题三个方面。这些被悬置的角色在与主要角色的交互活动中，共同将这出戏推向了高潮。

苏珊·桑塔格被誉为"美国公众的良心"，是声名卓著的"智慧型引领者"，与波伏瓦、阿伦特并称为当代西方最重要的女性知识分子。她的一生创作了多部文学作品和艺术评论，成就斐然。《床上的爱丽斯》是她的重要代表作之一，该部剧既蕴含了历史叙述，也融入了现代思考。通过塑造诸多配角形象，构成了配角形象系列整体。这些配角通过戏剧台词推动了戏剧动作，展现了矛盾冲突，从而形成了自身鲜明的性格特点，立意独特。

一、悬置角色的设定

除去没有实际意义的被褥队两人，该剧共有 9 个配角形象，这些配角人物按性别可划分为男性配角与女性配角。男配角有父亲老詹姆斯、哥哥哈里和男青年汤米；女配角有疯狂茶会上的 5 位女性以及照顾爱丽斯病情的护士。主角只有爱丽斯一人，配角却构成了群像，共同将这部戏推向高潮，演绎了一出"关于女人；关于女人的痛苦以及女人对自我的认识的戏"①。

（一）男配角的选取

本剧中有相当多的篇幅关涉男配角，第三幕讲述了爱丽斯的父亲，第四幕提及哥哥，第七幕有关汤米。这三幕内容占剧本的近四分之一篇幅，在剧作中作用突显，昭示男配角不容忽视的身份和作用，他们的形象意义重大。

1. 父亲

爱丽斯的父亲老詹姆斯是个高高在上，不可亲近的严父形象。他性格古怪又意志坚强，曾因一次意外失去右腿，但这不具有丝毫的重要性，他并没有因此一蹶不振、自暴自弃，而是仍旧积极向上，勇于追求人生价值的实现。对于家庭亲人，他缺少应有的关心，不是把相互间的亲情关爱视为维系家庭的纽带，而是将家庭成员所取得的荣誉成就看得高于一切。对女儿爱丽斯能否自杀的询问，他从未尝试走进女儿的内心世界去开导她，而是语带锋芒："为什么要问我。如果你当真想这么做我能制止你吗？你这么

---

① 桑塔格. 床上的爱丽斯[M]. 冯涛，译. 上海：上海译文出版社，2007：2.

任性。"①最终用强硬的反诘语气同意了爱丽斯的自杀请求。他对女儿总是区别对待，言语中夹杂着男尊女卑的老旧观念，尽管认为女儿无须惧怕男人，应把自身可观的天赋发挥出来，但一句"哪怕你是女人"，隐约暴露出父亲的男权倾向。他对女儿的区别对待不过是他虚荣心在作祟，因为凭借努力获得巨大成功可光宗耀祖，由此也造成了对爱丽斯生存状态的压抑，形成了两者间的紧张关系。

2. 哈里

哥哥哈里饱读诗书，才华横溢，是著名的小说家。他疼爱着自己的妹妹，将其视为需要哄逗的孩子并经常来探望她，对其病痛充满了同情。与和父亲的谈话相比，哈里和妹妹的谈话显得温情很多，但从他用"小鸭子""小甜心""小乌龟"和"小老鼠"等昵称中可以看出他把妹妹置于了弱势的地位，认为自己是一个可以照顾她的强大靠山。对爱丽斯的性格，哈里颇为介怀，认为妹妹歇斯底里、爱钻牛角尖、尖酸刻薄。他与妹妹交流时居高临下，存在着社会身份地位不平等的现象。这是男权视野对女性的审视。

3. 汤米

汤米是个衣着寒酸的穷青年，因受生活逼迫干起了行窃的营生。他是偷盗新手，在进入爱丽斯的房间前心脏在死踹着他的胸口，并且吓得尿湿了裤子，为了让自己能够沉住气，他灌了一大瓶金酒来提神醒脑，可见他的胆小懦弱。他专挑贵重物品装包入袋，对爱丽斯再三请求他拿走的木镜子不屑一顾，认定木制东西廉价。尽管他与爱丽斯攀谈甚多，但社会阶级身份的差异造成了两人无法逾越的沟通障碍。他视爱丽斯为社会上有钱人里的他者

---

① 桑塔格. 床上的爱丽斯[M]. 冯涛，译. 上海：上海译文出版社，2007：序.

与异类，是不正常的精神病人，鄙夷爱丽斯请求他拿走镜子、花瓶和床的建议，拒绝与爱丽斯成为现实中的朋友。但他并非良心泯灭的歹徒，当他准备离开爱丽斯的卧室时，告诉爱丽斯可以通知警察来抓他。他希望爱丽斯的病赶快好起来，身体早日恢复健康。他认为自己和爱丽斯都是人，而并非畜生。汤米代表的是粗糙、短视和为生计所迫的底层平民。

（二）女配角形象

女配角主要出现在第一、二、五、八幕中，同样占剧本内容的近四分之一。女性配角主要有疯狂茶会上的 5 位女性，再者就是照看爱丽斯病情的护士。

1. 疯狂茶会上的 5 位女性

第五幕疯狂的茶会上共有 5 位女配角，分别是艾米莉·狄金森、玛格丽特·福勒、昆德丽、迷尔达和母亲。这一幕人鬼同台，出场均为女性，通过她们的言语动作表现了 5 位性格迥异的女性形象。

艾米莉和玛格丽特是桑塔格召来参加疯狂茶会的 19 世纪两位美国女作家的亡灵，目的就是劝慰爱丽斯，对她提些生活的建议。从其对白可知，艾米莉是一个长年待在家中写作，避世隐居，远离了尘世喧嚣纷扰的向往田园牧歌生活的独居女性。她中规中矩，一辈子料理家务，对她而言穿过一条乡间小路都是一次冒险。她充满了诗意情怀，极具诗歌才华却难以被社会认同。玛格丽特认为自己在男人眼中是个麻烦，因为这个可怕的世界充满了男权压制。她异常活跃，总喜欢妄下断语且言辞锋利，认为尽管女人会以不同方式绝望，但不快乐也只是一种错误，活着其实是件容易的事，因而她否定自杀。她主张女性应自立自强，拥有与男性平等的权利，追求自我价值的实现而不应做男人的附属品。相对于艾米莉从未坐过船的经历，玛格丽特喜欢站在甲板上吹风，最终不幸葬身茫茫大海，她对爱丽斯横渡大西洋却未踏出船舱一步大为惊讶。在茶会快结束的时刻，玛格丽特说她在返程的路上要去探望艾米莉，原因是异质相吸。实际上，艾米莉和玛格丽特"构成一组异质互补"[①]，玛格丽特时不时全凭强烈的冲动行事，就像爱丽斯所歆羡的，认为她如此有勇气地生活，兴冲冲走遍了全世界，她给爱丽斯的建议都积极向上，如别自轻自贱，要多点儿思考和勇敢等。而艾米莉只求内心的宁静与平和，足不出户，遗世独立。她们之间正是一种互补，对彼此的生活空间都充满了好奇。然而爱丽斯却无法做到像她们两人中的任何一个，尽管内心无限向往，无比憧憬。

迷尔达和昆德丽是桑塔格召来的两位愤怒女性，分别出自舞剧《吉赛尔》和歌剧《帕西法尔》。从剧本第五幕来看，迷尔达是"薇丽"的女王，"薇丽"是一群复仇女鬼，她们要报复曾经在婚礼前抛弃自己的男人。迷尔达作为这些冤死少女鬼魂的主人，住在到处都是坟墓的森林之中，对男性充满仇恨，她不停地舞蹈转动，对爱丽斯长期安静地居住在一间屋子里不可想象。如果说迷尔达是运动者的形象，那么睡鼠昆德丽就是安静者的典型。昆德丽一出场就在垂头睡觉，然而睡得并不踏实，屡次被吵醒，她一心只想着睡觉，原因就在于她觉得自己身体沉重，这源于她本想勾引一个纯真的男孩却最终遭到抵制，因而昆德丽感觉自己堕入了耻辱的无底洞中，而且越堕越深。迷尔达的"动"与昆德丽的"静"折射出了爱丽斯个体自我的不同侧面。

以上 4 位疯狂茶会上的女配角都是受到了爱丽斯的正式邀请，而母亲却是意料之外如幽灵一般现身，她全身皆白，独立一隅，她的台词甚少，基本上是个在场的缺席者，失语的存在。仅

---

① 唐慧丽. 意识的自由与现实的困境——析苏珊·桑塔格《床上的爱丽斯》的戏剧主题[J]. 邵阳学院学报（社会科学版），2015（2）：117.

通过人物的寥寥数语，展现了一个可怜、可悲、可叹的慈母形象。虽然母亲恬淡退隐，却仍要听从丈夫的命令，必须按照爱丽斯父亲的要求来教育子女，被男权社会所压迫的同时又成为男权社会施予压迫的帮凶，所以爱丽斯最小的哥哥才会说母亲去世之后生活得很快活，原因就在于来自父亲的这一层束缚某种程度上得到了缓解。

2. 护士

护士集中出现在第一、二、八幕，间或出现在第四、七幕中。护士是照看爱丽斯病情的人，言语中安慰着爱丽斯，行动上帮助着爱丽斯，她希望爱丽斯的病情能够好转，不再缠绵病榻而是站立起来行走自如。她会弹《帕西法尔》的曲子，试图给爱丽斯的病痛予以适度减轻。她认为爱丽斯作为女人就应该涂脂抹粉，对着镜子将自己打扮得更加迷人，从而符合男性眼光的审美标准。可见护士在这里已是被男权社会成功规约的女性典型，实际充当的是以男性视野对爱丽斯进行监视的角色，因而与爱丽斯的交谈总显得话不投机。

二、悬置人物的功用

戏剧中的配角人物当然没有主角重要，可以说主角是挑大梁的人物，对戏剧主题思想的展现具有关键性作用。就像《床上的爱丽斯》这部戏剧，如果没有了主角爱丽斯，也就没有了这部戏剧。相比主角的中心地位，配角就退居其次，成为了剧本中的次要人物，但这并不意味着配角就无关紧要，某种程度上配角在剧中发挥着不可替代的独特作用。《床上的爱丽斯》中男女配角群像在推动情节动作、凸显主角形象以及深化戏剧主题这三大方面有着不可低估的意义。

（一）推进情节动作

剧中无论是男配角或女配角，对戏剧情节与动作都起到了一定的推动作用。

男配角在推进情节动作方面的作用主要体现在以下三处。在第三、四、七幕中，这些男配角跃居为当幕的男主角，配角实现了主角化。可以想见，没有这几幕，戏剧情节发展是不可想象的。第一，父亲形象是在第三幕回忆的场景中出现的，那是发生在 20 年前马萨诸塞州的剑桥之事。幕启后年轻的爱丽斯一连喊了 13 声"父亲"，父亲的应答先是说自己很繁忙，让爱丽斯稍候片刻，继而说他从未把爱丽斯局限于妇人的无聊琐事中，最终却说女儿没心没肺，是想逼他动怒，由此可见父亲并不想倾听女儿内心真正的声音。当爱丽斯对父亲谈到绝望是她的正常状态时，父亲却调侃地认为爱丽斯没准就是个艺术家，因为艺术家都这么说。后来爱丽斯询问父亲她能否自杀时，父亲通过讲述一番道理后居然同意了女儿自杀的决定。有关父亲的这一幕虽为回忆片段，却丰富了情节内容，交代了戏剧发生时间已是 20 年后，为后文哥哥哈里以及在疯狂茶会上聊到父亲埋下伏笔，做好铺垫，通过人物对话和行为推动情节动作，以免戏剧情节不连贯而产生突兀感。第二，哥哥哈里是戏剧第四幕中的主要人物，上承第二幕护士对爱丽斯说哈里 4 点将要过来探望，而第四幕正照应了哈里 4 点过来探望妹妹的情节。哈里对疾病缠身的妹妹充满忧心，但愿她能尽快好起来并希望妹妹健康长寿。他们在交谈中聊到了父亲，这又承接了第三幕有关对父亲的回忆，并且这幕还有对未来情节的预知：哈里告诉妹妹她的死亡并不是自杀。在过去与未来之间，现在因病卧床的爱丽斯被病痛折磨得异常痛苦，如果该剧抽离这一幕，剧本也将大为失色。第三，男青年汤米在第七幕中是作为窃贼而出现的，他是贫穷的社会底层人员，因生活逼迫而入室偷盗，爱丽斯醒来看见他并没有叫喊，而是让他拿走抽屉里的那面镜子，他们在言语交锋中推动着情节发展，使戏剧达到高潮。也是在这一幕，当男青年询问爱丽斯是不是在装病，她回答说自己是真的有病，连床都起不了，可话音刚落，爱丽斯居然起床了，还穿过整个房间去调亮了煤气灯。如果没有男青年进入爱丽斯卧室行窃这一幕，爱丽斯也不会从床上下来，她将永远被固定在床上，可见汤米这一配角人物对剧情的推动作用。

另外，女配角在推动情节动作方面也起到积极的作用。"疯狂的茶会"是该剧的重要情节，茶会上的 5 位女配角与爱丽斯的言辞及动作构成了第五幕的内容，约占全剧六分之一的篇幅，体现出了该幕的重要性。这是一次女性集会，她们通过讲述自己的人生经历以及命运遭际，折射出了爱丽斯的多维自我和不同侧面，推动了戏剧情节向前发展。玛格丽特认为拥有想象与思考很重要，有理想还应有勇气去照此生活。当爱丽斯说她还未见过罗马，如今疾病缠身更不可能见到了，玛格丽特却说罗马就是她想象的样子，也正因此才有了第六幕一大段几千字有关爱丽斯在意识中旅行的独白。

女护士是爱丽斯贴身的医护人员，她和爱丽斯的冲突在于她觉得爱丽斯能起得来，而爱丽斯却认为自己起不来。她也是告诉哈里爱丽斯病情近况的人，对剧情的发展衔接不可或缺。她经常弹奏《帕西法尔》的曲子给爱丽斯听，而这首曲子却会让爱丽斯感觉精神恍惚，这一戏剧动作对情节发展形成有效的停顿，为剧情的进一步发展提供可能。再如护士从抽屉里拿出一面镜子递到爱丽斯手上，才有了爱丽斯的照镜子行为，也就有了爱丽斯谈论镜子的最初所属以及后来汤米入室行窃，她再三希望他拿走那面镜子，这些都是对戏剧情节的有力推动。

（二）凸显主角形象

爱丽斯的形象是在和配角的言行互动以及自身意识中逐步建构起来的。男女配角都在一定程度上使爱丽斯的形象得到凸显，只是这种凸显的方式不尽相同。

1. 男配角的压抑凸显

所谓的压抑凸显，是指男性配角在剧本中实际上构成了对主角的压抑，当然这种压抑不仅来自单个人，更来自社会。具体到该剧中，就是男权世界对爱丽斯的种种束缚，这体现在父亲、哈里以及汤米 3 位男配角身上，这种压抑也从反面凸显了主角的形象。

父亲是父权制的象征。他对爱丽斯内心的真实所想、所感并不在意，对爱丽斯的要求特别高。他不顾及女儿被压抑的心灵，口上虽说他没有把爱丽斯局限在女人的琐事之中，给了她和哥哥们一同使用书房的权利；实际上，这些都是为了满足他的虚荣心，儿女优秀只会成为他炫耀的资本。他对爱丽斯的真实心境不闻不问，即便是面临女儿的生死问题，他也可以很轻易地对爱丽斯说她必须做她真心想做的事，死亡竟然成了真心想做的事，这是多么可怕的父亲。然而现实中爱丽斯真心想做的却做不成，这便形成了悖论。父亲的严苛正体现了爱丽斯处境的痛苦，凸显了爱丽斯作为悲剧人物内心挣扎的无力。

哈里对爱丽斯的昵称固然体现了作为哥哥对妹妹的疼爱，然而从另一个角度来说，是男性眼光的审视所致。两千年来，自从圣经故事开始，认为男人才是上帝的杰作，女人不过是上帝取自男人的一根肋骨，女人天生就具有缺陷，地位低人一等，这种观念一直深入人心。所以说，哈里称呼妹妹为"小鸭子""小兔子"和"小海龟"等，某种程度上体现了对女性的歧视，而实际上爱丽斯是很反感哥哥用这样的昵称来称呼她的，如哥哥叫她"小耗子"时，她就是当场反对的。哈里认为妹妹"悲剧性的健康"正好抑制了她对于平等和相互依存所感到的哀痛，然而爱丽斯却质问哥哥为何平等对他来说理所当然，而对自己就成了问题了。凡此种种，从侧面凸显了爱丽斯作为家庭中唯一的女孩子所受到的男性的另眼相待，给爱丽斯形象染上了悲情色彩。

如果说父亲和哈里两人代表的是家庭内部对爱丽斯的压抑，那么男青年汤米则代表了社会文化对女性的偏见，最能体现这一社会偏见的是在第七幕中关于"女贼汉"的讨论上。当爱丽斯询问汤米干他那行的可有女夜贼时，男青年汤米大吃一惊，觉得根本不可能，而爱丽斯说她能想象得出一个女人爬墙上屋的情形，汤米更是觉得可笑至极。因为社会给女性派定的角色是不允许女人这样粗野的，世俗定见对女人的规约是贤惠温顺、温柔体贴。男青年汤米的个人看法实际上是社会普遍观点的表征，而这种人为规训的女性被压抑的状态，某种程度上使爱丽斯的卧床不起具有了象征意味，隐喻了 19 世纪女性在男权社会里无能为力并无法掌握自身命运的悲惨境遇，加深了对爱丽斯悲苦形象的刻画。

2. 女配角的烘托凸显

第五幕疯狂的茶会上女配角的集体亮相，可以说集中凸显了爱丽斯内心的矛盾冲突，刻画她意欲反抗却又力不从心的矛盾心理。玛格丽特勇敢地开辟新生活，敢于挑战现实，足迹踏遍了全世界，而这正是爱丽斯艳羡不已之处。艾米莉一辈子甘居室内，平平淡淡地度过了一生，她和玛格丽特之间形成了鲜明的对比与互补，衬托出爱丽斯的矛盾心理，她既不能像玛格丽特那样行动自如走遍世界，也无法同艾米莉一般，闭门勤奋地写作，因为"疾病是生命的阴面"[①]，她有病的身体使得这些都变成了虚妄幻想。

---

① 桑塔格. 疾病的隐喻[M]. 程巍，译. 上海：上海译文出版社，2003：5.

同样地，迷尔达作为"薇丽"的女王，她终日踏着旋转的舞步，时刻保持着运动状态，对那些负心的男子她要报仇雪恨。昆德丽之所以外号叫"睡鼠"，是因为她一直都保持着安静的状态，她的睡是因为她有罪，或者说因为有罪所以她想睡，她是在逃避耻辱与羞愧。这一动一静，烘托出了爱丽斯意识的动与身体的静，正是因为意识的动，才有了爱丽斯后来在意识中去罗马旅行，读者也能借此深刻感受她"思想的混乱和困惑"[①]，而身体的静映衬出爱丽斯因疾病缠绵病榻，无法随心所欲，行走如风。至于可怜的母亲，更烘托出了女性命运的相似性。

（三）深化戏剧主题

该剧中男女配角的出场对主题的深化不可小觑，正是主角与配角在互动中完成了文本内容的建构，如果没有配角人物，《床上的爱丽斯》只会散碎一地不成片段，成为爱丽斯个人的呓语，使读者不知来龙去脉，也正是因为配角的存在，戏剧主题得以深刻地表现了出来。桑塔格在题注中说这是一出书写女人悲哀和愤怒的戏，可知该剧表现了女性的生存困境及其反抗的戏剧主题，而这正是通过配角形象从不同角度凝聚成一股力，从而深化了这出戏剧的主题。

一方面，该剧中的配角人物父亲、哥哥哈里和窃贼汤米象征了男权社会对爱丽斯的自由生存所造成的威胁。父亲虽然希望爱丽斯发挥天赋，不要局限于妇人的生活琐事之中，但这也是他对女儿的过高期望与从严要求。生活在父权高高在上的影响下，爱丽斯自然会倍感压力，于是有了寻死的决心，但父亲最终竟然同意了她自杀的想法，让读者对男性掌有女性生死的权力不寒而栗。哥哥哈里在戏剧中对爱丽斯的一系列昵称以及认为病床才是妹妹

---

① 陈永兰. 床上的爱丽斯对生命的思考[J]. 重庆科技学院学报（社会科学版），2008（12）：120.

该待的地方，从反面证实了女性在男人心中根深蒂固的不成熟状态，女性不过是男权社会建构自我身份的一粒棋子。窃贼汤米的男性眼光体现在他对女人爬墙上屋发出的惊叹，因为这背离了维多利亚时代男人眼中主流社会里女性角色假设。他对爱丽斯再三请求他拿走那面镜子的真实动机并不理解。爱丽斯摒弃镜子实质是对"女为悦己者容"这一社会成见的反抗，她深刻明白"对镜贴花黄"只不过是把自己打扮得更符合男性的审美标准，如此一来她看到的镜中形象已经不是本来的自我，而是受到男权社会或男性眼光规训并建构起来的女性容貌。当然汤米无法明白爱丽斯的内心所想，仅因木镜子不值钱而坚决不要它，深刻揭示了男权社会对女性强制压迫的事实。凡此种种对主角爱丽斯来说都是一种肉体与思想的双重禁锢，这也是她起不了床的原因所在。

另一方面，茶会上女配角的表现展示了爱丽斯内心的矛盾。同样地才华横溢，艾米丽甘于寂寞，独守书房，写下了大量诗篇，生前却仅发表不足 10 首；而玛格丽特却惯于周游世界，写有第一部女权主义著作《十九世纪的女性》，公然与男权世界对抗，尽管不可避免地遭到男性的谴责，她依旧我行我素，最终不幸于海上罹难。同样地被男性所惹怒，迷尔达作为"薇丽"的女王，她对背叛的男性实施报复，为屈死的少女讨回公道。而"睡鼠"昆德丽，对帕西法尔的愤怒是通过无休无止地睡觉来逃避现实。这两组人物均希望建立自我的社会身份却不能，实际上代表的是爱丽斯面对男性世界所造成的生存困境表现出的心理矛盾。

通观全剧，面对这种困境，爱丽斯虽然被困在床上，但并非全然麻木，而是表现了对自身生存困境的反抗，这种反抗主要通过配角与主角在互动中的言语、行为表现出来。

一方面，剧本的语言具有个性化。在与哥哥哈里的交谈中，爱丽斯对哈里引用她的话尤为在意，认为不知是该觉得难堪还是荣幸。对于哈里称她为"小耗子"也非常反感，强调自己并非什么"小耗子"，也不聪明。汤米认为女人爬墙上屋太过滑稽，根本就没有女贼汉，而爱丽斯却反驳说她就能想象一个女人爬墙上屋的情形。爱丽斯和护士纠结的问题在于护士觉得她起得了床，而她却一直说自己起不来，可事实是爱丽斯能够下床走动，这在第七幕中展现得淋漓尽致。正是说话用语方面的不妥协，表明了爱丽斯性格的坚强与固执，身处逆境与压迫之中，她还能适当地自嘲并嘲笑他人，试图从枯燥乏味的生活之中找寻一抹亮色，可以说她有突破社会限制的内心冲动。

另一方面，配角的行为也各成体系。这体现在 3 个与配角有关的戏剧道具或者说戏剧意象上，即"书籍""鸦片烟"和"金酒"。"书籍"出现在第二幕，这是父亲书房里一部似砖头般的厚书，被爱丽斯从书架上取下，她并非要用于阅读，而是站在了父亲身后，把它举过父亲的头顶，准备砸下去，这时父亲微笑着伸出手来，爱丽斯把书递到了他手上。由此可看出父权制社会里女性受男性群体支配的事实，这激起了爱丽斯内心的愤怒与抗争，虽然这次施暴并未成功，却让读者看到了她内心的波澜壮阔。"鸦片烟"是第三幕爱丽斯问哈里可有吸过，哈里回答说想过但没吸过，爱丽斯说若她能做到就会尝试一下。果然，在疯狂的茶会上玛格丽特的提议得到了爱丽斯的赞同，爱丽斯人生中第一次吸起了鸦片烟，可以说是一大突破。她的另一大突破是在第七幕和窃贼汤米的对话中，当爱丽斯得知汤米所带瓶中装的是酒，便要求喝上一点儿，而最终她喝完了这瓶"金酒"，还说给自己提了神。爱丽斯的这种行为在她那个时代是大逆不道、骇人听闻的，因为社会派定的角色是男人喝酒、吸烟，而女人只能是吃茶品点心，这与前一幕爱丽斯所喝的还是柠檬茶形成了鲜明的比照，她大胆地做了男人才可以做的事，而且还做得如此的彻底，可见她反对世俗社会成见的决心。但爱丽斯深知自己的这些反抗不能奏效，无法得到男性社会的认同，所以死亡便成了绝对的抗争，床上的爱丽斯最终没能起床而亲近了死亡，完成了一次对男权社会的永恒否定。

第三节　罗兰·巴特之影响

八幕剧《床上的爱丽斯》被看作是桑塔格的理念剧，它成功地借用了巴特的创作理论，将剧本变成思想对话的有利平台。本节试从解构经典、劝诫思考、真实与虚幻的互补三个方面来讨论桑塔格对巴特文艺创作观的借鉴和演绎。

桑塔格极少夸赞某一个作家或艺术家，而她却不遗余力地肯定罗兰·巴特，看似不合常理，实在情理之中。在《写作本身：论罗兰·巴特》一文中，桑塔格强调罗兰·巴特在艺术创作中 5 个比较值得的经验之见：形式＞内容的构思；非政治化的主旨；解构经典的勇气；以对话的方式和读者有限度地交流；在作品中成功地使用真实与幻景的互补。这 5 种被肯定的艺术创新之处事实上被桑塔格巧妙地运用到了八幕剧《床上的爱丽斯》中，而且后三处的运用尤为经典。

一、经典解构

罗兰·巴特认为每一种作品至少存在着两种或多种对立、争执、互补的阐释可能性，就如桑塔格所言："有多重阐释意义的文学现代主义理想演绎成为批评，从而使批评家跟这种文学的创作者一样，变成了意义的创造者。（巴特认为，文学的目的就在于把

'意义'，但不是'一种意义'，引入世界。)"①《床上的爱丽斯》看似只有一种意义，即直面女性生活的现代性，有人甚至把它标榜为女性主义先锋派力作："《床上的爱丽斯》反映出桑塔格极少公开表露的对男性的愤怒。"②但很显然，这种理解过于单一。作品中每一组画面、每一个人物也许都可以被看作是对旧有经典的颠覆。

《爱丽斯漫游奇境》中的小爱丽斯是刘易斯·卡洛尔塑造出来的天使，他为我们创造了一个具有想象力的天才，意在划定纯真世界与丑陋现实、儿童生活与成人世界的界限，刘易斯想告诉我们人的长大意味着梦被破灭，退缩到一个没有想象力、令人窒息的庸俗世界。桑塔格有意引用同名的爱丽斯，意在颠覆女性对自然天性的自觉。她把这一旧有的形象从反面做了重新解读，推翻了对于经典之作的传统阐释，她告诉我们造成女人退缩不前的原因也许在于女人自己，是源于女人对自身创造力、天赋的不自知，以达到对无知的批判。艾米莉·狄金森被誉为19世纪伟大的美国现代诗人之一，她在去世以后被发现的1000多首优美的诗作，她爱穿洁白礼服的习惯，她离群索居的生活以及对宗教独特的感悟都像谜一般吸引着人们。然而，在八幕剧中的她却以崭新的面目被解读，她胆怯、畏惧、退缩，在"疯狂的茶会"上数次劝说大家各回各处，是一个对现实生活有焦虑症的女人。玛格丽特·福勒以其《十九世纪的女性》闻名于世界，是一个纯粹的女权主义者；而在八幕剧中，她的形象也被从不同的角度解构。剧本中有几处她的台词，"我曾是多么活跃。可现在我已经不再是我自己

---

① 桑塔格. 沉默的美学：苏珊·桑塔格论文选[M]. 黄梅，等译. 海口：南海出版公司，2006：140.

② 罗利森，帕多克. 铸就偶像：苏珊·桑塔格传[M]. 姚君伟，译. 上海：上海译文出版社，2009：374.

了","不管怎样我们终归转眼会死的"。①寥寥几句话,却把一个女强者的传统形象给彻底摧毁,一种叫作命运的观念在语言中呈现出来。桑塔格试着要让人们相信,她——首先是一个女人,而且是有诸多弱点的女人。

第四个形象在《圣经》中曾经嘲笑过耶稣,在瓦格纳的剧本《帕西法尔》里又被定义为缺乏意志力而渴望救赎的女人。桑塔格把她安排在第五幕,并不是要让她以对话的方式表白自我,而是给她提供一个可以休息的地方,甚至同情她,称她是"爱睡的袋鼠"。昆德丽在"疯狂的茶会"上台词不多,但她充满羞愧和惶恐的表白让人同情不已,桑塔格把她"请"到茶会上来,是想让批评家们以及观众对这一形象做出深层次的思考,探讨救赎的意义。芭蕾舞剧《吉赛尔》里的复仇女神迷尔达在原著中只是一个配角,她因爱而自杀成为报复变心男人的复仇女神,而在茶会上她不仅由配角变成主角,甚至化身为追寻自由、为人疗伤的心理医生。她一次次地劝说昆德丽从迷茫和愧疚中走出来,重新认识自我和欣赏自我,同时意识到男人和女人不仅是一对永恒的矛盾,而且也是一种互为依存的关系:"我们可以杀了他。不过你随之也得杀了你自己。"②桑塔格赋予了她一种人性的光辉,一种对俗世的宽容和理解。

哥哥哈里应该是如伍尔夫假设的那样,他就是"莎士比亚"式的天才,他的存在,使得妹妹爱丽斯备受压抑,无法从巨人的阴影中摆脱;八幕剧中的哈里虽然也有一种居高临下的姿态,但善良和仁厚成为桑塔格有意而为的改编,从前半部分来看,作家似乎不是在否定他而是在肯定他,并从反面讽刺爱丽斯庸人自扰而导致的尴尬局面。小偷汤米的出现是最具破坏力的一幕,他似

---

① 桑塔格. 床上的爱丽斯[M]. 冯涛,译. 上海:上海译文出版社,2007:59-60.
② 桑塔格. 床上的爱丽斯[M]. 冯涛,译. 上海:上海译文出版社,2007:77.

乎把前面所有严肃的话题给回避了，相对于弱女子爱丽斯而言，小偷是个男人，他却因贫穷而行窃，两者的交谈新奇而滑稽，把一出本来应该是女性主义的话题，意外地变成了贫富悬殊的话题。

　　这本身延伸出的问题是：这出戏真的是女性主义话题的讨论吗？还是别有用意？由此，我们又回到了问题的起点——解构经典。就如巴特所言："由于文本是对符号的接近和体验，作品则接近所指（Signified）。"①他不认为作品是作家个人的产物，把文本看作是一个开放的体系，颠覆了作家作为主体性的地位。因此，桑塔格把他评价为"温和"的对话者。桑塔格有意沿用巴特"复数"的概念，它意味着一部作品的意义不是单一的，而是具有多种可能性。这种不强调唯一性的创作理念，使文本由封闭变为无限开放。由此，桑塔格追随着巴特走向了解构之路。

二、温和的劝诫

　　在讨论尼采和巴特在运用对话理论时所截然不同的态度时，桑塔格这样说道："然而尼采以各种语调与读者对话，大部分都是咄咄逼人的语调——狂喜的，斥责的，哄骗的，尖刻的，奚落的，诱人同谋的——巴特则一贯以令人愉悦的语调来进行表现。没有粗鲁或预言式的主张，没有对读者的恳求，也没有任何不能被人理解的努力。"②甚至进一步肯定道："这样的作家从不高声叫骂，或以粗鄙的方式宣泄愤怒；他慷慨大方，但却保持得体的利己主义态度，并且不可能被人牵着鼻子走。"③

---

　　① 罗兰·巴特. 从作品到文本[J]. 杨扬，译，蒋瑞华，校. 文艺理论研究，1988（5）：87.

　　② 桑塔格. 沉默的美学：苏珊·桑塔格论文选[M]. 黄梅，等译. 海口：南海出版公司，2006：144.

　　③ 桑塔格. 沉默的美学：苏珊·桑塔格论文选[M]. 黄梅，等译. 海口：南海出版公司，2006：145.

很显然，桑塔格不仅没有高声喧嚷，相反，她不动声色地把自己隐藏在幕后，她以温和的方式劝诫观众去思考而非接受。从某种意义上说，这部作品是一出设计巧妙的理念剧：不在意具体的矛盾冲突、格言警句式的对白、散文式的语言描述、无结局的结局。与其说，桑塔格的目的是要发展一个故事，还不如说仅仅是点缀一种观念、一种氛围或一层领悟。尼采以居高临下的姿势来指点阅读者，巴特以温和的方式劝诫批评家，而桑塔格却不动声色地隐匿在作品背后，不发表任何见解。因此，给阐释带来了艺术空白。

桑塔格口口声声"反对阐释"，是担心人们无法真正享受到阅读所带来的思想上真正的释放，还是从内心保有一种利己主义者的私心，抑或有其他更复杂的原因？《床上的爱丽斯》虽提出一系列问题，但更重在引人深入地思考，从这一角度而言，它向批评家及评论者提出了更高的要求。

八幕剧中，人们伴随着爱丽斯的奇境漫游，所体会到的是一种非传统式的戏剧感受。作家意在让人们分享精神释放所带来的狂欢与喜悦——一种被罗兰·巴特称为"悦之本"的感受。在《S/Z》中，巴特写道："读书之际，不时中辍，非因兴味索然，恰恰相反，乃由于思绪兴奋、联想翩然而至，此景未曾降临您身吗？一句话，你不曾抬头阅读吗？"[①]而桑塔格则强调"反对阐释"，这并不是说反对读者去理解作品，而是指反对读者把注意力无止境地投入到前人的经验之解中，从而避免人为地破坏阅读者的创作性和主体性。她说，读者是自由的，人们有权发表与作者相左的观点，也有权做出其他选择。

---

① 巴特. S/Z[M]. 屠友祥，译. 上海：上海人民出版社，2006：50.

三、虚实互补

"没有一个不是关于某个戏剧的；而幻景是一个普遍的范畴，世界正是通过幻景的形式得以观察到的。"[①]在第六幕中有这样一段独白："我的意识。我可以在意识中旅行。我在意识中到了罗马，玛格丽特寄居、哈里造访过的罗马。"[②]第五幕没有背景，直接由现实切换到虚幻的空间。但让人们觉得惊讶的是，茶会上所有的客人以及茶桌上精致的摆设都是如此真实，让人难以相信这只是一个幻景的现实。

这两幕幻景的内容和另外六幕真实的内容在文本中几乎是各占一半。桑塔格将现实转入幻景，又从幻景转回真实，真真假假，虚虚实实，让人在短暂的阅读过程中，体味了人生百种滋味，从这种角度而言，她无疑是成功的。桑塔格由一张病床延伸到一个辽阔的世界，在这个由幻景所组成的舞台上，4 位客人如约而至，成为一道亮丽而奇特的风景线。茶会散场后，追随着她们不平凡的人生足迹，爱丽斯又一次"漫游奇境"，只不过和刘易斯·卡罗尔笔下的小爱丽斯有所不同的是，她带着一种先验，一种经历过伟大思想对话而引起的兴趣去游历罗马。这是一种历史记忆的复苏，一段伟大思想的回顾，一种被巨人所牵引而发掘到的自己内心的强大力量。爱丽斯在梦中享受着和同名人物同样的欣喜，这就像一个失去双腿的英雄在睡梦中重新体验疾驰飞跃的酣畅与淋漓。

疯狂的茶会上，5 个女人看似平淡的对话，把每个人心中未实现的愿望和人生的满足都已表达出来，一组毫无关联的人物，

---

① 桑塔格. 沉默的美学：苏珊·桑塔格论文选[M]. 黄梅，等译. 海口：南海出版公司，2006：153.

② 桑塔格. 床上的爱丽斯[M]. 冯涛，译. 上海：上海译文出版社，2007：95.

在幻景中的问答，使得现实中残缺的生活片断在幻景中得以延伸和补充，这"镜中花、水中月"，不仅看起来很美，而且互为观照。

六幕结束以后，幻景伴随着小偷的出现自然过渡到现实布景。"弱者"爱丽斯在小偷汤米的面前一下子变得高大起来，因为对方所需求的，恰恰是自己可以给予的最小的一部分，爱丽斯通过对小偷的馈赠感悟到自己的存在。这其实仍旧在延续幻景中寻找自我、认识自我的主题。当然，最后一幕中，护士又来了，这也是一个可以操纵自己生活的人，她安排爱丽斯什么时候用餐、休息和吃药，护士和哥哥哈里是小偷的反面，一组沉重现实的画面就摆在爱丽斯的面前。

结　语

纵观全剧，桑塔格有意用一条线索"现实——幻景——现实"来串联全剧，其目的就是为了让现实表现出一种荒诞性，让幻景来补缺现实的空白。剧本与其说是用来演的还不如说是用来读的：它以独特的方式将戏剧以散文的形式来诠释，以格言来取代繁杂的舞台对白，给舞台以一种大胆的想象，融真实与幻景于一体，把戏剧中的对话拓展至舞台以外，留给人们巨大的艺术空间。就如苏珊·桑塔格在《床上的爱丽斯》前序部分所说的那样，这是"关于精神囚禁的事实。想象的大获全胜"[①]。

---

① 桑塔格. 床上的爱丽斯[M]. 冯涛，译. 上海：上海译文出版社，2007：序.

第四节 桑塔格与皮兰德娄剧本的互文性研究
——以《床上的爱丽斯》与《六个寻找剧作家的角色》为例

美国作家桑塔格和德国剧作家皮兰德娄在戏剧理念上有相通之处，主张采用跨界、混合媒介和突显"心灵战场"的表演策略。本节试以《六个寻找剧作家的角色》与《床上的爱丽斯》为例，具体从格言警句式的语言风格、虚实相交的空间环境和反逻辑的叙事策略三个方面讨论两部剧本的互文性问题，探寻现代艺术的美学内涵和戏剧表演的实践路径。

桑塔格的创作包括小说、札记、电影和戏剧等多种类别，其中札记和评论最多，小说次之，电影和戏剧创作有限。作为一名野心勃勃、精力旺盛的全才式作家，桑塔格痴迷看戏、研究剧本并致力于戏剧编写、改编和导演。1980 年，她在意大利导演过皮兰德娄的《如你所愿》（1932）并获得好评，改编过贝克特的《等待戈多》（1948）并于 1993 年在萨拉热窝成功上演，同时，模仿过友人乔·蔡金改编方式，将自己的短篇小说《假人》（收录于《中国旅行计划：苏珊·桑塔格短篇小说选》）改编成剧本。与这些侧重于舞台表演的剧本相比，八幕剧《床上的爱丽斯》（1993）不是用来听的，而是用眼睛、用心交流的作品，该剧已经被翻译成多国文字出版。这部充满妙语警句、怪诞而充满想象的现代戏剧与德国剧作家皮兰德娄《六个寻找剧作家的角色》（1921）有异曲同工之妙。后者也设计了戏中戏、实景与虚景的融合、自以为是的对白以及反逻辑的叙事策略。皮兰德娄的创作开德国戏剧的先锋，成为德国现代戏剧的一个分水岭，也是桑塔格有意学习的对象。这两部作品之间的互文性可以被理解为现代戏剧的一次对话；

没有证据证明桑塔格在刻意效仿前人的风格，但这一不谋而合的一致性体现了现代戏剧表演所努力的方向。

一、格言警句式的语言风格

桑塔格偏爱格言警句，推崇巴特、齐奥兰、卡内蒂、利希滕贝格和维特根斯坦等擅长笔记体写作的思想者，她认为"格言是异乎寻常的思想"[①]。因此，将格言警句编织到剧本、小说和电影当中，成为她的志向。《床上的爱丽斯》里最精彩的部分不在冲突、事件描写和场景布置，而在于碎片化的警句当中。从病榻上的爱丽斯、被羞耻和命运折磨的昆德丽、胆怯而幽闭的狄金森、被愤怒和复仇裹挟的"薇丽"的女王迷尔达，到特立独行的玛格丽特·福勒，每个角色都在争夺话语权，在舞台上表达自己。她们的语言像儿童弹弓游戏里用力弹出的珠子，一颗一颗，断断续续。在支离破碎的对白、独白和旁白之中，不乏深刻的、耐人寻味的格言警句，看似矛盾，但彼此共存。桑塔格用语言撑起了这场戏的半壁江山。皮兰德娄《六个寻找剧作家的角色》更是妙语连珠，景观奇特。剧中男主人公是位承担道德负担的父亲，一个有行为过错的普通人，但是当他开口说话时，好戏才刚刚开始。皮兰德娄通过他这条主线串起了支离破碎的情节，而他振振有词的辩白从每一个单独层面看，都是经典的告白。一个卑微而有行为缺陷的男主人公被皮兰德娄给予了英雄的光辉；与他微不足道的行动相比，他的每一句台词都掷地有声。忘记他以前的种种卑微，人们在他纯粹的自白里，受到强大的震撼。

父亲像一位有丰富阅历的哲学家，他的每一句经典的台词凑在一起，或单独撒在一边看，都不无道理。"人生充满了无数的荒

---

① 桑塔格. 心为身役：苏珊·桑塔格日记与笔记（1964—1980）[M]. 里夫，编，姚君伟，译. 上海：上海译文出版社，2015：619.

谬；这些荒谬甚至毫不害臊地不需要真实做外表，因为它们是真实的。"①这段台词让人联想到《哈姆雷特》和《麦克白》里的数段经典独白，阐述了皮兰德娄颇具悲观色彩的思想。"生命诞生的方式是各种各样的：树木或是石头，流水或是蝴蝶……或是女人。都可以诞生出剧中人。"②在这一段里，作家讨论了生命的多元形式，以及戏剧作为"镜子"存在的作用。"因为幸运地降生为'角色'的人，能够嘲笑死神。他是不死的！人……无需特殊的天赋或者奇迹出现，他就得到了永恒的生命。"③皮兰德娄认为，除了血脉的传承，艺术是让生命获得延续的重要方式。这一点和桑塔格的创作理念完全一致。"每一个人在别人面前，总是装得一本正经，但是他自己清楚他心里有些什么不可告人的东西。"④对人性的态度颇具悲观色彩，皮兰德娄认为每个人都有双重性或多面性，正如桑塔格提到的人性中的"恶魔"性质。

"当你的某一行动使你陷入一种不幸的困境，突然遭到人们的冷嘲热讽时——我并不是说人人都会遇到这种处境——你就会发现，人们用这唯一的准则以这一次行为来判断你的一生，仿佛你的一辈子都断送在这件事情上了，因此而羞辱你，这是多么地不公平！"⑤审判对于法庭而言是必须的，而在日常生活中，人性的丰富、复杂会让事情变得微妙而棘手。"每一个人都演着一个自己选择的角色，或者别人为他指定的生活中的某一个角色。在我身

① 皮兰德娄.六个寻找剧作家的角色[M].吴正仪,译.上海：上海译文出版社,2011：15.

② 皮兰德娄.六个寻找剧作家的角色[M].吴正仪,译.上海：上海译文出版社,2011：17.

③ 皮兰德娄.六个寻找剧作家的角色[M].吴正仪,译.上海：上海译文出版社,2011：19.

④ 皮兰德娄.六个寻找剧作家的角色[M].吴正仪,译.上海：上海译文出版社,2011：37.

⑤ 皮兰德娄.六个寻找剧作家的角色[M].吴正仪,译.上海：上海译文出版社,2011：41.

上，也跟在别人身上一样，热情一旦迸发，就会产生出有点戏剧性的事情来……"① "一个角色诞生以后，他马上就取得了不受剧作家约束的独立性；他可以在许多场合激发人们的想象，甚至被赋予剧作家也意想不到的意义！"② 诸如此类碎片化的对白和独白颇有点类似于罗马尼亚批评者齐奥兰札记《解体概要》，富于洞察力和真知灼见。观众和读者在听主人公独白和旁白时，会慢慢被他吸引，忘记他原本是一个任性、自私、愚蠢而道德感薄弱的家伙，甚至会被他跳跃的警句打动。这种戏剧表现正是皮兰德娄希望角色发生的效果，他不希望角色只有一副面孔，最好能打破单向的思维模式，向纵深挖掘，最好能够是发散而细密的多层面。因此，结果就是，观众和读者会在这里找到一个跟自己很像的人，或者是有点儿像的人。因此，戏剧通过放空表演空间，霸占了观众和读者的心房。

桑塔格在剧本里埋藏了三处包袱："家庭的幻影"里爱丽斯和父兄的对白、"茶会"上众女人的对白和旁白以及第七幕里小偷汤米和爱丽斯的对话。她将很多闪光的想法通过不同的角色发声，形成了非常有趣的协奏曲。兄长哈里在劝说妹妹放弃自卑的想法时说："聪明不过是一种强度的形式，或者说就是强度的形式。"③ 哈里是兄妹当中杰出的一位，他无法体会当莎士比亚有个同样天赋的妹妹时会发生什么，他不能体会长期受压抑、被轻视的女人内心的愤怒和不平。每次和妹妹对话时，他总是把她当作未长大的宝宝，希望她安顺和喜乐，但畏惧她的强悍和长大，他在潜意识当中认为聪明和强大是属于男人的某种特质，而非女性特质。

---

① 皮兰德娄. 六个寻找剧作家的角色[M]. 吴正仪, 译. 上海：上海译文出版社, 2011：45.

② 皮兰德娄. 六个寻找剧作家的角色[M]. 吴正仪, 译. 上海：上海译文出版社, 2011：91-92.

③ 桑塔格. 床上的爱丽斯[M]. 冯涛, 译. 上海：上海译文出版社, 2007：31.

第四幕中的一段旁白真实地暴露了他内心的想法:"在某种意义上她悲剧性的健康对于她的人生问题而言恰是唯一的解决途径——因为它正好抑制了对于平等、相互依存云云所感到的哀痛。"①他认为生病对于妹妹有好处。很难想象,一个接受优良高等教育的知识界精英在遭遇具体难题时,想到的居然是这样一种不可思议的解决方案,明知道妹妹的心理问题是幽闭太深而导致的,反而让她继续封闭自我。他有精力、有能力为家人打开另一扇窗,指引她向更广阔的世界探索,他却放弃了。因为,本质上他并不承认作为女性身份的妹妹是一个独立的人,而只是在家里可以看到的"布娃娃"而已。

正好相反,真正精彩而发光的对白出现在第五幕茶会片段里。爱丽斯在茶会上真正做了回自己,不再是一个坐在橱窗里只供欣赏的"布娃娃",而是一个自信成熟的女性,她热情地邀请想象世界里的女人来家中做客,形象光彩夺目。在欢迎美国作家玛格丽特到来时,另一个女人艾米莉坐在茶桌边上说:"等候更是最好的问候。"②这句话点出了她诗人的身份,干脆利落,同时暗喻了女人们知己相逢的难得。作家玛格丽特给了女人们一条人生箴言:"别自轻自贱。这是第一条。"③她自己不光是这样说的,也是这样做的。她的《十九世纪的女性》成为女性文学的开山之作。另一段里,玛格丽特像先知一样建议:"想望适合你的东西,以及适合你想望的东西,而且在这一问题上要绝对地有把握,然后就照此生活。"④她告诉纠结而痛苦的女人们要学会选择生活并认真地付诸行动,反对空想和逃避,选择积极面对现实的处境并介入生

① 桑塔格. 床上的爱丽斯[M]. 冯涛,译. 上海:上海译文出版社,2007:31.
② 桑塔格. 床上的爱丽斯[M]. 冯涛,译. 上海:上海译文出版社,2007:48.
③ 桑塔格. 床上的爱丽斯[M]. 冯涛,译. 上海:上海译文出版社,2007:59.
④ 桑塔格. 床上的爱丽斯[M]. 冯涛,译. 上海:上海译文出版社,2007:79.

活。在这点上，她和幽居于床榻上的爱丽斯、隐遁于家庭里的艾米莉和通过打瞌睡逃避的昆德丽完全相反，她勇敢而凶猛，是真正现代意义上大写的女人。不难看出，她的身上有桑塔格自己的影子。

二、虚实相交的空间环境

桑塔格认为这个世界上存在"两种作家"，其中一种认为，"这一辈子当中存在的就是全部了，于是就想描述一切：秋天、战争、分娩、赛马"，例如托尔斯泰；另一种则认为，"这一辈子人生是一种试验场（试验我们不知道的东西——看看我们能忍受多少快乐+痛苦，或者看看快乐+痛苦是什么？）于是就只想描述要点"[①]。她认为陀斯妥耶夫斯基和皮兰德娄属于后者，认为后者更侧重于心灵的试验，表现"心灵一样真诚"的部分。在 1958 年 1 月 4 日的日记里，她记录这样一段评价，"皮兰德娄对虚妄和现实所作的过于伤感的思考对我总是有吸引力"[②]。同年 2 月 21 日的笔记里记录着另一段对布莱希特的评价，"昨天晚上（和保罗），看有点像皮兰德娄风格的[布莱希特]《高加索灰阑记》"[③]，"叙述者的技巧和双层次布局以及剧中剧的总体魅力……"[④]类似这样的表述还有很多，它们见证了桑塔格对皮兰德娄的关注和肯定，成为研究现代艺术对话的重要证据。

---

① 桑塔格. 心为身役：苏珊·桑塔格日记与笔记（1964—1980）[M]. 里夫，编，姚君伟，译. 上海：上海译文出版社，2015：524.
② 桑塔格. 重生：苏珊·桑塔格日记与笔记（1947—1963）[M]. 里夫，编，姚君伟，译. 上海：上海译文出版社，2013：227.
③ 桑塔格. 重生：苏珊·桑塔格日记与笔记（1947—1963）[M]. 里夫，编，姚君伟，译. 上海：上海译文出版社，2013：242.
④ 桑塔格. 重生：苏珊·桑塔格日记与笔记（1947—1963）[M]. 里夫，编，姚君伟，译. 上海：上海译文出版社，2013：242.

（一）既定的外在空间与游离的内在空间之融合

传统的小说家、戏剧家更喜欢从客观的世界里寻求表达的依据，他们不太习惯于过多使用心灵战场。当然，他们也会利用流动的心理状态下变化的语言、行为或留白给人们提供更多的想象，诸如欧里庇德斯（《美狄亚》）、莎士比亚（《哈姆雷特》）等。但基本上，剧作家们只能做到剪辑心理状态的某一个角落，而无法自由地彰显内在空间。美狄亚愤懑不平的怨言和哈姆雷特压抑无助的徘徊，只是点缀一部大戏的细小光晕，无法照亮整个舞台。在以皮兰德娄、布莱希特和桑塔格为代表的现代艺术家之后，戏剧无疑拓宽了有形的外在空间，延展和拓深了内在空间。

在皮兰德娄《六个寻找剧作家的角色》中，舞台布置混乱而随意。好戏开场时，观众根本无暇顾及舞台的布景、落幕时间是什么，故事发生在黄昏还是早晨、户外或是户内；人们的目光马上被人物锁定，接着，可以不去看他们的模样，直接倾听，因为语言强于行动，独白多于事实再现。皮兰德娄为舞台设计了一个并不光辉的小人物形象——父亲，他让人们看到微小世界里的一丝光亮，在幽暗中忽明忽暗。这个父亲对人们所说的每一句话似乎都是来自深思熟虑的思考，无论真假与否，都浸透着他的生活智慧。每个看戏、听戏的人会感到有种唐突，因为仿佛闯进了一个私密的领域，就像突然看到别人的日记，或在偶然情境之下听到了一段伤心又绝望的故事却无能为力。人们会在深感冒犯和不安的同时，迫使自己思考，甚至在无法分辨真伪的情况下为之打动，因为在他人的故事里可能藏着我们自己。皮兰德娄成功地将舞台投放到观众席里，将角色和旁观者连成一片。舞台直通向观众席，演员直接向观众倾诉。时间的秒针停止了，观众只记得故事和蹦出来的警句格言。

在皮兰德娄之后出现的桑塔格，痴迷于表现心灵战场，她甚至给主人公爱丽斯直接安排了两场戏:神游意大利和会客梦中人。桑塔格敬仰德国作家托马斯·曼,她曾经说过,威尼斯让人联想死亡,而罗马却让人想痛快地活着。作家在剧本里加入了大段的小说语言。在第六幕里,她所设计的主人公独白不像是一段独白,倒像一长段日记体小说,有《魔山》和《少年维特之烦恼》的痕迹。"洗衣妇""宫殿""大蒜味儿""女修道院""马车""落日""赭土的城墙""广场""柱廊""方碑""猫咪"和"博物馆"等,统统一股脑儿地出现在剧本里。在舞台上挥摆不开的现实场景统统以小说的模式被添加进来,别具一格。这段丰富而有画面感的剧中插曲也有不足之处,文字过于散漫、随意,恣意流淌,甚至没有分段和归总,和《在美国》第 0 章开头部分有相似的杂乱之感。在第五幕"疯狂的茶会"里,桑塔格完全把舞台留给了心灵战场,让一群性格迥异的女人相互争辩。

两位作家都尊重表现丰富而多层次的心灵舞台,提倡舞台空间的拓宽和延伸,但在具体实践方面略有不同。皮兰德娄的戏剧依然保留了丰富而细腻的实景,例如钢琴、桌子、椅子、报纸、木头小勺、鸡蛋、大厅和小梯子等实体道具。剧本中来来往往的人群自然生动,也是实景中的一部分。而在桑塔格的戏里,实景显得非常稀疏。外在空间被挤压在很小的范围里,一张病榻、一个房间,就是全部。与喜欢不断切换外在布景、掏心掏肺向观众倾诉的皮兰德娄相比,桑塔格把心思更多地放在了想象的空间里。在这点上,她的剧本颇有中国戏剧的意境之韵,但少了皮兰德娄的赤诚与直白。

(二)现实世界和虚幻世界之重影

《六个寻找剧作家的角色》借用了"戏中戏"手法,在剧里演出了两重戏。第一重戏是看似随意、日常化的剧场中场休息片段,重点捕捉了突然闯进休息区的"寻找剧作家的角色"和演员们的对话；另一出戏则是在和导演商量之下由"六个寻找剧作家的角色"所演出的"戏中戏"。早在莎士比亚作品里，这种手法就已经被使用，例如《哈姆雷特》第三幕第二场"捕鼠器"的故事和《仲夏夜之梦》里的"皮拉摩斯和提斯柏"的故事都是著名的戏中戏设计。皮兰德娄在另一部戏《亨利四世》里也使用了这一策略，颇为自然。如果说第一重戏是当下的现实世界，那么第二重戏则是逝去的虚幻世界。皮兰德娄给出了离奇的设计，让活人和死人一齐登上舞台。他一方面让人相信这并不是神话；另一方面又突破现实，制造出让人目瞪口呆的效果。

《床上的爱丽斯》里真实的人物只有爱丽斯、父亲、哥哥哈里、护士和小偷 5 人，而其余的角色统统是想象世界里的虚构角色。玛格丽特是早在 1850 年就溺亡的美国的先锋女性思想家；艾米莉于 1886 年去世，活了 56 岁，但从茶会里的对话来看，她似乎还停留在青年阶段；昆德丽是《圣经·旧约》中的人物，《帕西法尔》里重要的女性角色，一个虚实交织的女人；迷尔达则来自芭蕾舞剧《吉赛尔》，她负责控诉不平和煽风点火。真实的场景只有一张病榻和一个病房，而想象的空间却十分辽阔，从美国到意大利，从古代到当代，从死到生，从贫穷到富有，从平民到特权阶层。爱丽斯是串联这两种生活的主线，她负责开茶会、旅行、发放赠品和制造各种矛盾。

从皮兰德娄到桑塔格的戏剧创作看来，他们都倾向于一种混合的艺术。正如桑塔格所言："混合媒介的形式"①是文学的未来。桑塔格认为 18 世纪的英国作家笛福、理查森和菲尔丁等都曾经采用过混合的媒介。也许在他们看来，这样一种乱糟糟、跨界的写法，恰好发现一些有趣的问题。正如伍茂源在论文中所言："于是

---

① 桑塔格. 心为身役：苏珊·桑塔格日记与笔记（1964—1980）[M]. 里夫，编，姚君伟，译. 上海：上海译文出版社，2015：177.

一切的分裂仿佛为了统一而准备，人生的表象与本质在痛苦这里寻得了交接点。"①

三、反逻辑的叙事策略

桑塔格笔下的爱丽斯是一位身患重病、缠绵病榻的女子，出身名门，环境优渥，有三位杰出的兄长和一位头脑精明、行动稳健的父亲。这样一个弱女子对外界的世界完全陌生，疏于经验。八幕剧里，除了那一段精彩的宴会对话，和小偷照面的那段戏也颇为别致。从逻辑顺序来看，戏剧走的是一条反逻辑路线。爱丽斯的言语和行为都体现了与她年龄和阅历相反的一面。第七幕里有这样一段对白：

> **爱丽斯** 拿上那面镜子。
>
> **男青年** 真他妈的倒霉。
>
> ⋯⋯
>
> **爱丽斯** 镜子在第二个抽屉里。
>
> （男青年捂住耳朵。）
>
> ⋯⋯
>
> **爱丽斯** 一个金质铅笔盒。
>
> **男青年** 你用的铅笔还得用个金盒子盛着。
>
> （把它塞进包里。）
>
> ⋯⋯②

对于一个从未真正与外界打过交道的女子，面对突如其来藏在病房里的窃贼时，她的第一反应不是慌张和防卫，反而是镇定

---

① 伍茂源. 皮兰德娄《六个寻找剧作家的角色》的对立系统[J]. 四川戏剧，2012，(2)：39.

② 桑塔格. 床上的爱丽斯[M]. 冯涛，译. 上海：上海译文出版社，2007：104-118.

和欢迎，连窃贼也被她的平静与反常给吓坏，这完全是反逻辑的叙事。剧本里本该恐惧的人没有恐惧，本该捍卫财富的人却拼命给出财富。与那个头脑清醒而目标明确的小偷儿相比，爱丽斯倒像是"吃里爬外"的外人，甚至正如小偷儿所言，她是一个"神经病"。

皮兰德娄剧本里的叙事策略也遵循了反逻辑的原则。剧本中的主人公"父亲"原本拥有一个圆满、安稳的家，有一个貌不惊人、平和安逸的妻子和一个儿子。但突然有一天，他内心感觉自己的妻子似乎对生活并非完全如意，于是在自己内心的驱使之下诱导自己的妻子和自己的下属私奔，并确定这是自己的一番好意。剧本中这样写道：

> 父亲：那好吧，您听着，先生。从前有一个穷汉子跟我在一起工作，是我的下属，我的秘书，他为人忠诚可靠，他理解她的全部见解（指母亲），他们趣味相投，但是并没有暧昧不清的关系。说得更清楚一些吧！他像她一样也是一个正派的老实人，他们不仅不会做缺德的事，甚至连想也不敢想！
>
> 继女：相反，他都想到了，并且替他们做到了！
>
> 父亲：不对！我是想成全他们的好事——也是为了我自己，我不否认这一点。
>
> ……
>
> 母亲：哼，可不是嘛！
>
> 父亲：（马上转向她，抢先说）关于儿子的事，是吗？
>
> 母亲：先生，他先从我怀里把儿子夺走了！
>
> 父亲：但这并不是为了伤害你！是为了使他在乡下长得健康结实一些！
>
> 继女：（讽刺地指儿子）后果不是很清楚吗？

……①

这段多年以后的对白深深地讽刺了父亲当年的无知和任性。他自以为是地拆散了一个铁桶般坚固的家庭，当时并未真正想过妻子的感受，无法换位思考自己的爱人是否真的不快乐，自己的亲生骨肉在离开父母双亲以后能否健康地成长等现实问题。甚至，从基本的逻辑层面而论，没有哪一个丈夫能够宽容到将自己的爱人拱手"赠送"给别人，因为人不是礼物。戏剧中最大的荒诞正在于情理和事理的反逻辑性。结果也正如身陷困境中的继女所言，他想照顾的人并未被真正地关心和呵护。儿子在成年以后，变成了一个充满戾气和不通情理的年轻人，而父亲的"良苦用心"没有得到回报。皮兰德娄用这样的一个细节，挖掘出人生的荒诞和离奇。可能在人生道路上一个不小心的扭转，就会将整条行走路线重新更改。生活在自我经验里的人很难跳出既定的思路，不能真正放眼未来。父亲反逻辑的行为方式，体现了他任性的一面，也彰显了人生无常的本质。

毕飞宇在《"走"与"走"——小说内部的逻辑与反逻辑》中谈到《红楼梦》里的反逻辑问题。他认为，"有另外的一部《红楼梦》就藏在《红楼梦》这本书里头"，"它是将'真事'隐去的。它反逻辑"。②反逻辑不仅在小说创作中被经常使用，在戏剧中也很常见。区别于《红楼梦》里隐藏的技巧，戏剧本身就有留白的功能，它更多依靠人物语言的复述、肢体动作的表达和背景补充的方式表现反逻辑。《六个寻找剧作家的角色》相比长篇小说要粗简很多，但可取之处在于它凝固了冲突矛盾的瞬间并将反逻辑的效果放大，让观众和读者投入即时的反馈和思考。

---

① 皮兰德娄. 六个寻找剧作家的角色[M]. 吴正仪，译. 上海：上海译文出版社，2011：31-32.

② 毕飞宇. 小说课[M]. 北京：人民文学出版社，2016：47.

　　以反面人物为主线的戏剧在戏剧史中并非少数，诸如《美狄亚》《麦克白》和《伪君子》。美狄亚狂暴、极端且鲜少亲情观念，双手沾满鲜血，是舞台上复仇者的典型。虽然她振振有词为自己的复仇辩白，但她一丝一毫未否定自己的罪行，在戏剧舞台上体现了言语和行为的高度一致，不存在反逻辑情况。麦克白开始时并未有杀人野心，但在夫人唆使之下彻底变成嗜血无情的凶手，他的凶狠和他的屠杀行为相匹配，也未存在反逻辑情况。而反面主人公达尔丢夫被莫里哀设计在第三幕才登场，就是为了斩断小丑和观众的情感交流，让人们听尽了坏话并有了心理准备再来求证他的坏处，也未有反逻辑情况。剧作家就像摆弄木偶的舞剧演员，需要最大限度地行使自己的主动权力，才能够把自己的想法较完整地传达给观众。然而，皮兰德娄却打破了这一常规，他希望舞台上的人一起说话，甚至给予了"问题"角色父亲很大的话语权，让他尽情抒发。人们在剧本里看到的是一个客观事实和主观表述有偏离的局面，发现舞台上演出的客观事实严重不足，似乎通过那个问题父亲的讲述补全了残缺的事实。接下来，人们会提出疑问——他凭什么说那么多？他的话真实吗？行为和言语呈现出巨大反差的时候，我们该信任什么？皮兰德娄没有给剧本安排更多的空间阐述整个事件，只是提出某种假设。他在戏里设计的这个反逻辑环节，使得剧本充满悬疑和张力。人们不听父亲的表白，只听事实的复述，会认为他是个卑鄙之人；如果抛开复述，听他演讲，会把他和自己联结在一起，同情和理解他。历史也许永远没有真相。在皮兰德娄看来，几种答案都是生活的事实，因为每个人都各抒己见，互不妥协，都认为自己看到的就是一切。

　　爱丽斯坚持要赠送贵重的物品，和宝玉几次摔玉倒有几成相似。宝玉发现自己物质生活优渥，而身边可爱的女孩子连最起码的安全保障都没有，感觉自己不配拥有那么多东西，通过摔玉，他想表达共情与平等。爱丽斯精致的物质生活都是父亲和兄长努力打拼一点儿一点儿积累起来的，然而当物质生活极尽满足的同时，爱丽斯发现了自己被小看、被圈养和被放弃的真相，她决定用糟蹋东西和装疯卖傻引起家人对她的重视，而这出戏中的反逻辑情节恰好就是这样一个结果。反逻辑叙事策略是一把双刃剑，用得好时可以突显戏剧张力，而运用不当则会显得生硬做作，这也是剧作家最难以把握的部分。

这两部戏剧对研究现代艺术的美学内涵和戏剧表演的实践路径有参照意义，对后期戏剧创作和表演产生深远影响。

结　语

被誉为"美国公众的良心"的桑塔格十分看重她的这部八幕剧，在题注中她说"我感觉我整个的一生都在为写《床上的爱丽斯》做准备"[①]。围绕主角爱丽斯，桑塔格塑造了诸多个性鲜明的配角形象，而这些配角群像是极易被研究者所忽视并悬置的。笔者通过对该剧中配角人物的分析，探究了这些容易被悬置的角色背后所体现出的对于剧本本身以及社会历史的多重意义，主要有推进了戏剧动作，凸显了身心痛苦的主角形象以及深化了女性对其生存困境进行反抗的戏剧主题三大方面。这不仅体现了桑塔格选取配角的别具匠心，还表达了她对女性处境的同情悲悯和对男权压制的揭露抗争。床上的爱丽斯最终走向死亡这一悲剧，绝非她个人的悲剧，而是具有了普遍性，是整个西方乃至世界女性社会地位与生存境遇的一个缩影。从配角形象出发，能够加深我们对该剧的理解。

①　桑塔格. 床上的爱丽斯[M]. 冯涛，译. 上海：上海译文出版社，2007：序.

第四章　混合的美

第一节　《在美国》中的戏剧元素

桑塔格习惯在文本中打破常规，尝试各种形式的跨界和艺术元素的勾兑。《在美国》借用了诸多的戏剧元素，实现了对以往作品的超越。作家借用行走的演员身份、流动的舞台和丰富的剧目索引复原并改编了历史故事，重点凸显了莎士比亚剧本，将人物原型和自我的投影完美地编织于一体。本节试从游走的舞台、剧目索引以及莎士比亚影响三个方面，具体阐述桑塔格戏剧美学理念和艺术实践。

《在美国》一直有众多解读视角，诸如精神探索和自我认知视角、女性主义视角以及后现代视角等。在这部作品中，作家深入讨论了人的成长、超越和选择问题。桑塔格相信，每个人都会有阶段性的跨越，不满足于当下，放眼未来，探索更深广的领域，尝试了解更多的自我。和安东尼·明格拉导演的《英国病人》（1996）、西德尼·波拉克导演的《走出非洲》（1985）里那些爱说故事、会演讲的女人相似，小说里也有一个长于讲述的女子。她的讲述体现在表演戏剧、乌托邦实践和勇于承担社会与家庭责任

等的方方面面。在塑造女性形象方面，桑塔格始终略胜一筹。被
倾听、被环绕和被欣赏，是这一类角色的共性。除此以外，这部
作品比她其他的文学创作更具写实性。相比其另外一些先锋、现
代与后现代作品而言，多了些可读性，少了噱头和技巧，务实于
实实在在的现实描写。这些部分对于研究桑塔格的整体思想体系
有借鉴意义；尤为重要的是，丰富的戏剧元素，是这部小说真正
有趣的研究起点，可以被视为作家勇敢的跨界实验。

一、行走的演员，流动的舞台

作家在创作之初，都会为文本找到一个说故事的场所。古典
主义戏剧喜欢程式化的表演空间；浪漫主义戏剧则走向无边无际
的夸张。在桑塔格的小说里，她为女主人公玛琳娜找到一个合适
的角色和有趣的空间。作为个体的人活动空间有限，而周围的世
界却很大。当一个人在小说文本里被塑造成演员的身份，他就会
指向一种无限可能性。演员的身份是流动、开放且庞杂的；真真
假假，虚虚实实，戏里戏外爱恨纠葛，使得人的属性具有更为延
展的特点。桑塔格有意为玛琳娜寻找到这一开放式的角色，将自
我的小天地和辽阔的外部环境紧密地联结在一起，让人们的视野
变得更加舒展。一部小说不像一部小说，更像纵横历史的索引，
将古今世界里最精彩的片段编织在一起，给平淡而波澜不惊的生
活平添了几分生动与惊险。玛琳娜乌托邦式的生活是伟大和有限
的，在短暂的人生旅程里，她不可能经历更多的故事，而继续投
入到说故事、演历史的过程中去，这会将其个人的身影进一步放
大。玛琳娜是她自己，也是戏里各种丰富而多变的角色。从波兰
到美国，这期间经历了各种波澜起伏，而最终将舞台锁定在游走
的列车上，的确是一个丰富的象征隐喻。流动的舞台象征人丰富
而变幻的一生，也蕴含着变化为根本的要义。变是永恒，因此不

变更显稀缺。桑塔格在小说中增添了变化的主题，用游走状态下的列车表述了开放式的主题。

这一游走、开放和流动的书写风格也在其他作品中有所体现，正如桑塔格的八幕剧《床上的爱丽斯》里"疯狂的茶会"一般，不讲求规则和秩序，乱七八糟，生动且有活气。桑塔格在评论阿尔托戏剧时，曾经这样说过：评价阿尔托创作，认为他的作品"构成了一部破碎的、含义丰富的作品集——一部由残篇构成的卷帙浩繁的集子"。[①]小说《在美国》中的女主人公玛琳娜同样也被作家赋予了包容而庞大的空间，并且让女主人公的诸多想法得以实现。从这一层面而言，现代小说和剧本都是对现实生活的最大补偿。桑塔格认为，可能只有在一堆乱糟糟的环境里，人物的潜在能量才有可能被最大限度地激发出来。剧本和小说中可能呈现出天空、草原和村落这些看似常态化的景观，但在艺术家们的编织和创意安排之下被拓宽了维度，赋予了更丰富的意义。正如柯英在《走近阿尔托：苏珊·桑塔格论"残酷戏剧"》一文中所言："而是剧作家和导演试图摆脱戏剧必须体现心理活动这一限制，引领观众走向更加多元化的体验层面。"[②]小说当中的女演员玛琳娜从尊荣的波兰国家舞院走下来，到乡村实现自己的理想生活，虽败犹荣；表面虽失利，从深层意义上看，却是获得了新生；之后，再退回到老职业，重演旧戏，但所处的舞台却从固定的场所变成了流动状态下的列车，意蕴悠长。在桑塔格看来，每个个体、每部作品都像亟待蓄水的水池，永远处于一种将满未满的状态。人的属性并不由自我决定，而是由人和周围的环境、交往的事件和各种纷繁迭复的关系决定。作家负责不断建立关系和斩断关系，在不停地建造、修缮和毁灭的编织过程中，给予主人公某种可能

---

① 桑塔格. 在土星的标志下 [M]. 姚君伟，译. 上海：上海译文出版社，2006：19.
② 柯英. 走近阿尔托：苏珊·桑塔格论"残酷戏剧" [J]. 四川戏剧，2015（1）：46.

的意义。同时，也必须看到，并非所有的作家都能承担编织事件和关系的职责，有可能会搞砸，也有可能获得巨大的超越。在这一点上，小说《在美国》总体上瑕不掩瑜。第0章的开场并非完美，但随着情节的推进，作品越发充满诗意，在自然舒展的状态下被给予了丰富的内蕴。

事实上，每个人在潜意识中都有超越过去的想法，因此变化是永恒的。人需要不断突破自我的局限，同样，作家也在不断打破写作的樊篱。袁晓玲在《桑塔格小说的艺术审美价值及美学特征》一文中写道："早期，桑塔格受先锋表现的影响，想摆脱自我，尤其是一个女性作者的局限，所以想写一个和自己极为不同的人。"[①]在这部小说中，桑塔格同样想让女主人公努力摆脱过去的自己。因此，波兰的国家大剧院、加利福尼亚简朴的公社和游走的列车成为流动舞台的三大象征指向。桑塔格复原了人物的生活，又将其加以放大，将这3处环境串联起来，形成一幅动态的景观，使得这部小说处于生长和开放的状态。《在美国》写作的时间是1999年，与前期代表作《恩主》（1963）不同，它显得更厚重和成熟，隐藏了过多的技巧，反而略显笨拙和简单。可能在桑塔格看来，不一定非得给人物用陌生的形式加以变形，反而可以采用历史写实的手法尽量复原人物的原型。因此，人们可以在不知不觉中发现波兰舞蹈演员海伦娜·莫德耶斯卡伟大而流转的一生。小说在不动声色的流动状态中表现主题，这跟作家在长期写作训练中获得的知识经验有关，比《恩主》（1963）、《死亡之匣》（1967）等作品更有说服力。

---

① 袁晓玲. 桑塔格小说的艺术审美价值及美学特征[J]. 探索与争鸣，2009（1）：127.

二、丰富的剧目索引

这部长篇小说里，提及的剧作家有近 30 位，涉及的剧本有数十部。德国剧作家席勒的《唐·卡洛斯》、歌德的《浮士德》和瓦格纳的作品最先出现在小说里，成为人们接触和认知女主人公歌剧演唱家玛琳娜的起点。英国戏剧成为整部作品中最为耀眼的金丝串线，其中包括泰勒的《我们的美国堂兄》和莎士比亚。法国剧本涉及面宽阔，有比才的《卡门》、奥芬巴赫的《美丽的海伦娜》和《巴黎人的生活》、法国名剧《弗鲁弗鲁》以及维克多·萨尔都的《祖国》和《费朵拉》。还有波兰作家斯沃瓦茨基的《里拉·维涅德》、克拉辛斯基的《非神曲》、弗雷德罗的《夫与妻》《少女的誓言》和意大利作家威尔第的《茶花女》《弄臣》也频繁出现。作为地道的美国本土作家，桑塔格也没有忽视美国剧本，她在小说中也提到了本杰明·伍尔夫、大卫·贝拉斯科和斯沃瓦基等作家的名字和代表作。

与《恩主》的晦涩复合式的文字相比，这部作品不仅逻辑清晰，而且一反现代、先锋的习惯模式，集中大量精力勾勒了一条戏剧主线。除了常规性的人物关系图谱之外，桑塔格的戏剧理念一览无余。

《在美国》从内容上分为两大部分：第 0 章和第 1 至第 9 章。第一部分显得自由、随性且带有后现代意义的先锋色彩，正如顾明生在《虚构的艺术——从〈在美国〉看苏珊·桑塔格叙事艺术中的糅合技巧》一文里提到："第 0 章是《在美国》的华丽开场，长达 25 页，中间不分段，结构紧凑，一气呵成。"[①]而第二部分则相对中规中矩，具有典型的写实特点。不加标点和停顿标识的

---

① 顾明生.虚构的艺术——从《在美国》看苏珊·桑塔格叙事艺术中的糅合技巧[J].国外文学，2011，31（3）：121.

第 0 章有 3 个值得被关注的点。首先，并非所有桑塔格的创作都是成功的，因此，"一气呵成"式的开头未必是真正意义上好的开头，有可能是作家写作的一个败笔。其次，作为喜好尝试和实验的先锋派作家而言，桑塔格对第 0 章也许是花费了心思的，她不专注于取悦和讨好读者，废除任何周全的考虑，也许目的正在于引起对话。最后，回归戏剧元素而论，这段开场更像是呓语状态下哈姆雷特和李尔王的表现，任性、自我和随意。戏剧独白和旁白式的杂糅体开端正好点出了这部小说的戏剧元素。归根结底，第 0 章成也好、败也罢，的确满足了一个有戏剧表达欲望的作家的书写意愿。

从某种意义上看，桑塔格追随了阿尔托"总体艺术形式"的步伐并尝试超越前者。她不仅认同戏剧可以尝试表达为一种复合的总体艺术，同时，她也积极地在各种文类中尝试并演绎。柯英在《走近阿尔托：苏珊·桑塔格论"残酷戏剧"》一文中这样讲道："阿尔托终其一生追求一种'总体艺术形式'，即融合一切可用的视觉和听觉元素来达到最佳的呈现效果。"[1]与阿尔托相反的做法是，桑塔格并未将戏剧进一步深化和表达为一门综合艺术，因为她认为前人和当下已经做得够多，她所实验的部分恰恰是小说文类。桑塔格将大量的戏剧名目、书信对话、对白、独白、旁白、矛盾冲突以及杂合式的艺术门类一股脑地往小说里放。因此，《在美国》成为一部不仅要用眼睛看而且需要用耳朵听的文本。

戏剧唱词、独白和旁白等元素成为引导人们了解桑塔格美学思想的重要参照物，如同百科全书式的编目索引，有指示作用。正如袁晓玲所讲："这部小说具有开放式的结局、多变的叙述角度（如无名叙述者的视角、玛琳娜的视角、丈夫波格丹的视角、情人

---

① 柯英. 走近阿尔托：苏珊·桑塔格论"残酷戏剧"[J]. 四川戏剧，2015（1）：43.

里夏德的视角）和混杂的文体（如小说的白描、散文的笔触、日记、戏剧唱词、诗歌、独白，等等）。"①王秋海在《土星式忧郁：对现代主义的缅怀和反思》一文中提到戏剧时坦言："它的对抗性来自它以打破现在社会的规范、摧毁知觉的惯性来显示其社会效果。"②因此，玛琳娜认真出演的剧目、介入的剧情以及在不同阶段主动和被动选择的角色都成为主人公表达支持和对抗的工具，某种意义上而论，这也是桑塔格本人的意志和选择。张莉认为："生活就是舞台，个人终究难逃分演不同角色的自我分裂的精神困境。"③在矛盾和对抗的过程中，一场场演出和一个又一个角色切换成为玛琳娜寻求自我和求证自我的艺术革新，具有重要的意义。

《卡门》中独立、自尊的卡门有玛琳娜的影子；《美丽的海伦娜》讲述女人要靠自己努力争得幸福，要勇敢，要行动；《费朵拉》里住着一个长久被误读、压制的女人，讲述了女人作为第二性的古老状态。这些剧目大多数以女性为中心，想女人所想，行女人所为，在传统的剧目当中相当耀眼。另外一些波兰剧目大多数以号召民族独立、革命浪漫主义风格为主，点出了玛琳娜的人物身份和民族气节。这类剧本以阳刚为主，热血澎湃，且具有波兰的民族风情。桑塔格本身有波兰血统，有浓重的波兰情结，崇尚波兰的文明和悠久历史，也有颇为热血的浪漫主义情怀。因此，她写波兰，不仅在为女演员著书立说，也在为自己厘清头绪。美国本土的剧目在桑塔格的作品中体现较少。一方面，桑塔格肯定美国现代戏剧的崛起；另一方面，她也为经典剧目在美国市场的冷遇和曲高和寡的矛盾不满。《在美国》里有玛琳娜的这样一段独

---

① 袁晓玲. 桑塔格思想研究：基于小说、文论与影像创作的美学批判[M]. 武汉：武汉大学出版社，2010：26.
② 王秋海. 反对阐释：桑塔格美学思想研究[M]. 北京：中央编译出版社，2011：133.
③ 张莉. "沉默的美学"视阈下的桑塔格小说创作研究[M]. 北京：外语教学与研究出版社，2016：163.

白:"伟大的戏剧让人变得更加完美……你会感到自己受到角色的感染,得到完善……觉得自己已经不再是原来的自我。"①在根本上,她偏爱和信任欧洲的传统戏剧,力主革新,在传统和现代之间寻求一种突破。玛琳娜成为她在戏剧领域表达和大胆试错的完美角色。

三、浓墨重写的莎士比亚

越丰富的作品,往往越倾向于复合与混杂。随着现代阅读细分和思维能力的超越,人们对小说、戏剧、诗歌和散文的界线越来越宽容。人们期待用诗歌写剧本,用札记写小说,用小说表现戏剧冲突。一句话,选择形式的超越是创作和评论最终极的选择。因此,一部长篇小说中复合的元素、多变的形式以及跳跃的语言,都是它成为经典的理由。在接受记者贝拉米的访谈中,桑塔格说道:"小说很难保持其纯洁性——也没有理由要它保持。"②在这一点上,桑塔格选择用杂糅、多元和复合的方式,打通戏剧和小说的壁垒,成就一种更为丰富的文本。在《走近阿尔托》一文里,她这样写道:"一个多世纪的文学现代主义清楚地表明了先前稳定不变的文类还有多大可能性,同时也推翻了自给自足作品的理念本身。"③她认为消解文体的边界,走向开放,是文学创新的必然之路。

桑塔格推崇并追随莎士比亚,她在札记、杂文中曾经坦言莎士比亚是其最认可的作家,但有趣的是她并未用任何一篇具体而详尽的议论文讨论过莎士比亚的卓越与伟大。她似乎在用另外一

---

① 桑塔格. 在美国[M]. 廖七一, 李小均, 译. 南京: 译林出版社, 2003: 31.
② 桑塔格. 苏珊·桑塔格谈话录[M]. 波格, 编, 姚君伟, 译. 南京: 译林出版社, 2015: 6.
③ 桑塔格. 在土星的标志下[M]. 姚君伟, 译. 上海: 上海译文出版社, 2006: 16.

种别致的方式描述她对莎士比亚的敬意。她对莎士比亚的礼赞体现在札记评论的只言片语之中。

在这样一种叙述背景之下，《在美国》无疑是一部专门用来讨论戏剧以及莎士比亚的试验之作。莎士比亚的《罗密欧与朱丽叶》《奥赛罗》《第十二夜》《理查三世》《皆大欢喜》《麦克白》《威尼斯商人》《裘力斯·凯撒》《辛白林》等剧目在作品中均有提及。桑塔格相信唯有莎士比亚这样杰出的剧作家值得这样被书写和解说。这部长篇小说表面上看，是一部有关精神探索的写实主义作品，但抛开这一外相，戏剧美学是其讨论的核心要素之一。莎士比亚的痕迹随处可见。

每一部莎士比亚的戏出现得均恰到好处，或是为了辅助表现玛琳娜特立独行的风格和阳春白雪的职业特点，或是服务于具体情境中人物情感表达的需要，或是为了彰显矛盾冲突而点缀。与其他可有可无的演出剧目相比，莎士比亚剧目成为一道闪亮的光线，被桑塔格高高地托起，丝毫不显得做作。例如，在第 1 章里，她这样写道："她是用波兰语而不是用英语在朗诵《雅典的泰门》中的诗句，但这也意味着除了玛琳娜之外，谁都没有看过《雅典的泰门》。"[①]这段点出了作为艺术家的玛琳娜区别于一般意义上演员的专业所在，表现了她趣味的高贵、知识的渊博和对语言非凡的驾驭能力。在第 7 章里，有取自《裘力斯·凯撒》的一段话，"要是你们有眼泪，现在准备流起来吧！"[②]用莎士比亚的经典台词点出了女主人公所经历的坎坷历程和艰难时刻。另一处引用了《麦克白》里第二幕第三场的一段台词："我倒很想放进几个各色各样的人来，让他们经过酒池肉林，一直到刀山火焰上去。"[③]这

① 桑塔格. 在美国[M]. 廖七一，李小均，译. 南京：译林出版社，2003：35.
② 桑塔格. 在美国[M]. 廖七一，李小均，译. 南京：译林出版社，2003：256.
③ 桑塔格. 在美国[M]. 廖七一，李小均，译. 南京：译林出版社，2003：269.

一处是玛琳娜在扮演米古内特的男演员刚刚与剧场看门人吵架后的一段顽皮的话，看似讥嘲，却一下子拉近了演员之间的距离。剧本外和剧本内那个牢骚满腹的看门人并非坏人，也在玛琳娜的只言片语中得到了谅解。这段对白恰到好处地点出了演员的职业精神，也表现了玛琳娜宽厚与圆融的性格特点，这些都是她获得辉煌事业成就的基础。

同时，桑塔格认为，莎士比亚能够被不断解读和阐释，正在于他高度的克制、缄默和中立。正如在《论风格》一文中所言："最伟大的艺术家获得了一种高度的中立性。想一想荷马和莎士比亚吧。"① 人们可以从荷马和莎士比亚这样丰富的文库中收集整理属于自己的文学档案。在选择和归档的过程中，每一种密码和标识的制订都和阐释者的自我意志相关，而莎士比亚作品则成为相对客观的参照体。主张减少文本的干预和放大阅读本身的体验是桑塔格文学创作的一大尝试，而这在《在美国》这部小说里也同样开展了试验。"那么，说对艺术作品的体验以及艺术作品中所再现的东西超越了评判，也同样真实——尽管作品本身或许被评判为艺术。这难道不正是我们所认可的最伟大的艺术的特征吗，如《伊里亚特》、托尔斯泰的小说以及莎士比亚的戏剧？"② 桑塔格认为莎士比亚之所以成为文学档案里绕不过去的一座大山，正在于他提供给人们丰富的阅读体验。她认同体验高于阐释之上，并肯定在现代语境之下恢复纯粹的体验之重要性。

---

① 桑塔格. 沉默的美学：苏珊·桑塔格论文选[M]. 黄梅，等译. 海口：南海出版公司，2006：40.

② 桑塔格. 沉默的美学：苏珊·桑塔格论文选[M]. 黄梅，等译. 海口：南海出版公司，2006：43.

结　语

从波兰舞台、英国戏剧到美国流动的列车演出，桑塔格表现了生活于戏剧环境中的演员生活，她推崇阿尔托作为整体的艺术主张，并不一味遵循严格的体例和规范，努力突破各种界限，将作品的艺术性无限放大。《在美国》里丰富的戏剧密码成为解读桑塔格美学思想一把重要的钥匙，是作家认真埋在作品中的"包袱"。作家通过行走的演员、流动的舞台，以及丰富的剧目索引，实现了艺术实践的超越。

第二节　从电影到小说：桑塔格的创意超越
——兼谈《汉密尔顿夫人》和《火山恋人》

《汉密尔顿夫人》电影拍摄于 1941 年，由亚历山大·柯达导演、费雯·丽和劳伦斯·奥利弗两位演员主演，根据英国海军上将纳尔逊与汉密尔顿夫人的故事改编而成。这部 128 分钟的电影，因为取材的宏大和演员的精益求精，虽是选题常规、模式单一的传统恋情电影，却一举拿下了第 14 届奥斯卡金像奖（1942），还包括"黑白片最佳摄影（提名）""最佳特效（提名）""最佳录音"和"黑白片最佳艺术指导和室内布景（提名）"。

《火山恋人》小说创作完成于 1992 年，这是根据电影改编而成的长篇小说，是桑塔格继《恩主》和《死亡之匣》之后的扛鼎之作。与前者追逐明星效应和政治热潮的商业运行轨迹不同的是，后者少了许多浮华的元素，增添了诸多的百科全书式密码，大大扩充了原本浅显、单一的电影脚本，使得作品更具立体感和厚重感。

一、表达之变化

（一）角色切换

电影原来的主角是悲情而颇具浪漫主义气息的汉密尔顿夫人，也是串联整部戏的线索；而在桑塔格改编过后的文本《火山恋人》里，她则成为配角，其重要性远不及爵士。桑塔格将爵士的收藏家身份无限放大，并且赋予了他更高贵和更全面的文化内涵。爵士不再是电影里只贪恋美色、油腻而且扁平化的形象；相反，他严苛的自律精神，对火山痴迷的艺术家怪癖，以及理性而克制的贵族习性在小说里均被着意书写。细心的读者必然会从作家不厌其烦的描述当中发觉出蛛丝马迹。桑塔格愿意给予更多表现机会的人物一定有其出场的必然性和表达的必要性。

电影中糖葫芦式串联结构在桑塔格小说里变形为马赛克式结构。女人和情事是旧小说的主线；改编后的小说则采用了颇类似于库柏、巴尔扎克以及哈代的"再现式"[①]写法，将每个人的故事拆分成无数块投放在不同叙述者的语言图框里。串联式结构沿袭了史诗和流浪汉小说的技巧；而"再现式"写法，则将一个人的意义拓宽为无限可能，因为一个人在他自己的眼里和在别人的眼里终究是不同的定义，而在时间的序列背景下，每一处的行为碎片拼凑在一起，才相对完整地构成了人的界定。桑塔格将故事打捞干净，目的是尽量丰富故事和人的完整性，这是对 1941 年版影片质的超越。

---

① "再现式"手法是西方现代小说创作史中常用的一种写作方式，从美国的库柏到法国的巴尔扎克以及英国的哈代，都擅长用此手法，主要分为人物再现法和地点再现法两种表达方式。"再现式"手法将同一人物或同一场景汇集成一条主线，串联起丰富而变化的社会生活和具体小说文本，对同时期文学和后世文人产生深远的影响。在这样蔚为大观的百科全书类故事集中，具体的个人和场域也具有统领的"灵魂"作用。

（二）叙述主体及语言变幻

原版电影中叙述主体只有汉密尔顿夫人一个人，且她是传声筒和主线，所有的故事由她组织和叙述。而到了《火山恋人》小说里，汉密尔顿的声音从主旋律变成了多重唱。作品中有 6 种声音同时响起，且它们各抒己见，当仁不让。每个声音都认为自己讲述的是正确的，每个叙述主体都强调自己看到的是客观的。这种改编过的叙述形式为厘清事实脉络提供了便利，但对分辨真伪却增加了难度。传统的上帝视角为我们选择和审美省去了麻烦，但大大延展了思考的维度和难度。桑塔格鼓励延长审美体验并主张借用怀疑的态度，因为在她的文本中，事实不重要，但感觉很重要。

小说由全知全能的超越视角转变为戏剧对白式的多元视角，这本身就是现代主义的选择和跨越。故事还原生活的不准确性和不确定性也反映了现代主义审美所崇尚的多元和模糊性。叙述主体和语言的变幻多端与桑塔格新感受力的主张是吻合的。

历史和记忆都是人面对过往全面的复盘和叙述。时间、地点、人物和细节都是确定历史和记忆的标识，尽管它们被人们反复运用到当下的语境里，过去的全貌都不可能百分之百地准确。但正如孩童对童年岁月的回忆以及成年人对过去的回顾，人们对细节的打捞并不十分自信，但感觉是完美地精准。孩子会恐惧小丑的红鼻子面谱，说不上是在哪一天因为哪一件事情而造成了这一后果，但可以肯定的是，他一定有事实的原因讨厌小丑的脸。成年人对于异国和某个概念的认知有时很难准确地说来自哪部作品或哪一天的经历，对其感受却是准确的。借用不同主体叙述故事并采用变幻多端的语言复盘过去发生的事情，就是新感受力强调的复苏感知和突显感受力。因此，《火山恋人》是运用新感受力理论尝试实验的历史小说。

（三）主题的变化

由浪漫的旧主题转变为克制的新主题，是这部作品另一出色之处。桑塔格秉持现代主义诗人庞德和叶芝的遗风，同样认为浪漫主义是现代文学需要破除的第一障碍。她认为他们（浪漫主义诗人和浪漫主义作品）说得太多，主情色彩太过浓重，将自己的影子完全投射到文本里而拒绝留白，这是霸道而单调的做法。桑塔格主张留白，主张跳跃，因此她将文本的内容、人物的言行和小说结构都进行大量的修改，减少主人公的抒情，而强调事实的铺陈、不同人物的对白呈现以及高度简练的情感表达。克制主人公的浪漫情怀表述，克制英雄情节的泛滥，将旧文本中所有欲言又止、含糊暧昧的部分大刀阔斧地削减，只留下历史的细节，让人们在一堆细节干货中寻找更有价值的资料。

主题变化的直接好处是它让资料和文档更显重要性，这完全符合桑塔格的清单写作习惯。她把资料和文档统统摆放在一个货架上，让阅读者随需随取。历史文献式的干货远远盖过了传统单一的旧故事，在这一点上，桑塔格让自己变成了杂货店店主和图书馆管理员而非传统小说家。她将各个货物杂乱地堆砌在一起，使得简朴单调的话题变得更为丰富。

正如许多类型电影、主题电影一样，它们的出现是顺应大事件或大环境的要求，从某种意义上而论，它们是被设定的电影，弹性空间极其有限。如果没有《火山恋人》这部小说的出现，也许，这部1941年拍摄而成的影片早已被尘封在了档案室里，被人们淡忘。桑塔格所做的工作和莎士比亚相仿，他们都喜欢借着别人的羽毛打造新款的"服饰"，把主题陈旧的作品重新整合，使得老故事从旧纸堆里被拾起，增添了新的内容。这些增加了的部分和生长了的内容才是有生命力和张力的部分。

二、超越之处

（一）老旧与现代

老式电影中存在庸俗的市井选择、刻板的人物塑造。电影的主题和故事情节并不新鲜，如果没有男女演员在影片中做强大的支撑，我们都不知道要从电影中寻找什么，更不知道看点何在。费雯·丽的美貌和劳伦斯的英俊冲淡了电影的无趣和平淡，给平庸的戏剧注入了强大的活力和凝聚力。1941 年这部电影的成功，取决于演员的名气和漂亮的身形，而并非电影的艺术魅力。

汉密尔顿的母亲在两部电影中的形象截然有别。旧电影里的母亲逐名好利，是个老鸨式的存在，她对女儿经历的浮华与危险了然于心，但依然为了自己的私利愿意让女儿寄居于一个又一个金主的门下，并无尊严可言。桑塔格的小说则将其做了明显的改编和创新。母亲不仅被改编成仁慈、忠实的守护者，而且在照顾女儿的过程中释放了她许多正面的声音，被塑造成一位充满人情味、淡泊名利的慈母。桑塔格将脸谱化的旧母亲形象改造成一个永远把女儿当孩子看待、盲目呵护以及爱女心切的陪伴者，对之充满宽容和理解。道德层次的苛责和批评在小说中荡然无存，即使有微词出现，也只是由小说中配角女画师酸涩地点到即止。从电影到小说的改编过程中，桑塔格给予了弹性与宽容，少了道德训诫和规范，让文本多了更多阐释的空间。

外交官，即爵士本人，在旧电影中是一位言语简单、直接、庸俗、品味单一且愚昧的戴假发的旧式贵族，他是金主和恩客，每次出场的时候总喜欢高谈阔论，已经被严格归类为某一类扁平化的角色。他的出场只是为了烘托痴情恋人的脱俗与显贵，他只负责把蠢笨及平庸表达清楚即可，因此戏份可怜，还平添笑饵。桑塔格则相信，再愚蠢的身体里也有可能存在着秩序和合理。因此，她在表现爵士时，不再把他呈现为恋人们生死别恋的阴沉幕布，而抢先把他推出，并且为了衬托他的不俗和高贵，还制造出了一个天生的妻子凯瑟琳。深居简出、趣味高雅的前妻凯瑟琳为爵士形象的塑造立下汗马功劳，让我们看到了一个志在远方，收藏高于一切之上，情爱节制、宽容、执着、丰富且在贵族圈子游刃有余、成熟的外交官形象。

劳伦斯饰演的将军形象深入人心，因为他足够英俊、勇敢和富于英雄气概，是旧式观众审美期待下的传统式英雄典型。但除了这些标签式的符号之外，所剩余的也就只有单调。英雄形象粗糙而没有强大和丰富的精神内核，在现代语境下就像墙上的旧海报。桑塔格大幅裁减和改造，把他变成了肢体孱弱、富于野心、虚荣、敏感、脆弱的丰富的个体，甚至赋予了他孩童般的纯净与执拗品质，保留了他的军事才能和爱人的标签。因此，雄姿英发的大块头英雄变成了"野心勃勃、全力以赴，每晚最多只睡 4 个小时的小个子男人"[①]。《火山恋人》里的英雄被桑塔格解读为极具烟火气息、消解传统意义上刻板海报形象的新式英雄。似乎，桑塔格把英雄性更多理解为行为和精神上的崇高，而非外形上的伟岸。

1941 年的影片拍摄背景更多建立在历史、事件等现实因素基础上，其环境突显了残酷性、严苛性，如果没有一个精彩的故事支撑，其环境的描写显得过于平庸，容易在视觉上落入俗套。桑塔格将小说的环境做了大大的修改，将之变成更丰富、更流动和更包容的客体。汉密尔顿夫人晚年惨景不同于旧戏中的惨淡，而是多了一份特殊的自我坚守、自我处置和自我放逐，这让她本身显得更有价值和阐释空间。

---

① 桑塔格. 火山恋人[M]. 李国林，伍一莎，译. 南京：译林出版社，2002：175.

（二）单一和多维

　　原有的电影文本对爱国主题、宫廷故事以及爱情传奇充满耐心。这种灯塔式的结构让人一目了然，符合旧时代人们的阅读习惯和审美期待。为了服务于这一主题，电影完全没有多余精力去展示其他人的生活以及聆听众人的声音。他们都是被剪辑好端到观众面前的一道菜，其空间背景和张力都十分有限。

　　灯塔式结构在新小说里已经被解构，变成了马赛克式的板块。桑塔格甚至跑到了故事幕后，讲述不为人知的细节并列举清单。与描述故事相比，作家更喜欢将故事结构向外扩张。《火山恋人》变成了类似螃蟹式的多爪结构文本。每一个延伸的触角都可以单独组织成一个故事主体。小说变成了没有主角的文本，线索是流动的，而宏大的悲剧主线也被淡化并走向消解。结构与解构之间展现出控制与解放的权力之争。电影主张集中和控制；小说则将英雄赶下神坛，释放权力。因此，故事由一个真相走向了多个真相，由一个维度变成了多个维度。

（三）悲剧及中立剧

　　电影和小说中对于崇高的界定存在分歧。电影中的崇高是奉献，小说中的崇高则是丰富。因此，悲剧主旨下的文本将爱国和牺牲视为表现主题，而小说里的收藏家丰实的艺术生活则成为描写的重点。从这一角度而论，传统意义上的悲剧转变成了不悲不喜的中立剧。

　　传统脸谱化的表演，让观众和读者对表现一目了然。舞台上热衷于热闹聚会的贵妇人一定是个肤浅的交际花，身披铠甲的战士一定是个勇士，与权贵往来过密的谋士一定狡黠善变。但就像毛姆在描写斯特里克兰德时夸张的表现，他不再把这个金融界的中流砥柱写成一个四平八稳的人，而是把他写歪了。在那张"充满肉欲"的面容之下却隐藏着一个隐士的灵魂。[①]毛姆创意性地写了一个突发奇想，要去过流浪艺术家生活的中产阶级男子矛盾而义无反顾的选择。几乎是以毁灭性的方式开辟了另一块天地。桑塔格的艺术改编和跳出固化思维的斯特里克兰德一模一样，她要把将士写成小孩儿，要把交际花写成修女，要把谋士表现成艺术家。每一个躯壳里都隐藏着一个与身份和表象完全不符合的个体，每个都被热腾腾地端出来，这是桑塔格的创举。如果不是桑塔格这样的改编，我们何曾想象到在平庸的生活里还会有暗流涌动。

《汉密尔顿夫人》所描写的苦难是基于命运共同体之上的苦难，是民族的苦难、时代的苦难；而《火山恋人》里的苦难则来自四面八方——每个人的苦难都很难相通。谋士（收藏家）的苦难来自收藏，因为他的家太小，而不可方物之美太多，他既想拥有这一切，却又难以消化过重的负担。美人汉密尔顿夫人的苦难来自情爱，她为情而苦，却难以平静。将军的苦难来自美人汉密尔顿夫人，若不是为了表现自己的英勇和魄力，他不一定要硬挺着病身重赴沙场。王后的苦难来自生育，如果不必生养那么多的子女，她的精力可以更多地放在维护自己的脑力和辅佐国王事业方面，也不至于让自己和自己的后代陷入颠沛流离的境遇。从格局和气象而论，后者显得格外微小，却走向真实。桑塔格用惯常的分层写法表现了现代语境之下艺术追求的诸多可能性和局限性，看似微小，却有难以反驳的说服力。桑塔格不相信有一荣皆荣、一损皆损的使命，她要表现的正是一种无法解释的痛苦和不能处理的残局，她要写的是暂时的相聚和永恒的离别，而这些在旧电影里是无法解决的难题。从整体到破局，从命运共同体的苦

---

① 毛姆. 月亮和六便士[M]. 傅惟慈，译. 上海：上海译文出版社，2011.

难到个人的苦难，是《火山恋人》对《汉密尔顿夫人》的超越。

三、改编本意

（一）多元主义与不易之说

桑塔格大胆地在作品中表达了"不易之说"的理念，她有意表达一种融合、混杂和含糊的美学。所谓"不易之说"，是指作家站在非中心化的视角，用多视点角度呈现每种声音、每种生活，能够体谅每一个角色的不易，用多元主义取代一元中心论的权威，无所谓正与反、美与丑或崇高与卑下，一切都可以叠加、混合与牵连。桑塔格通过小说消解了黑白影片中的逻各斯中心主义，强调拼贴式的"多元主义"。碰撞、交织的实验技巧在她的小说文本中清晰地呈现出来，使得文本更包容、开放、延展和经典。王秋海认为，艺术家们总想把世界凝聚到一起，却又与世界疏离而告终。因此，桑塔格的艺术形式是充满"悖论"的艺术形式。

（二）"收藏家"之关键词

传统的黑白电影里虽然提及了"收藏家"的身份，但并不是被重点表现的部分。收藏家身份在电影《汉密尔顿夫人》里只是贵族标签和财富的象征，别无深义，而在小说《火山恋人》里，他成为联结作家和文本的重要纽带。桑塔格对密集型知识的偏爱和她孜孜以求的百科全书式工作尽体现在"收藏"二字里。正如她在文中所言，收藏本身带有某种"高贵""自律"和"快乐"。王秋海认为，作为被收藏家热爱的维苏威火山，其寓意类似托马斯·曼的"魔山"，带有某种稀有的"智性快乐"和禁欲思考的"自律场所"，[①]是桑塔格向往并认同的美学范式。

收藏是对未知世界无止境的探索。小说里写道："当他的脑袋

---

① 王秋海. 重构现实主义——解读桑塔格的《火山情人》[J]. 外国文学，2005（1）：32.

在阳光下安静下来时，他用鱼叉射鱼，或者在凉爽的书房或库房观看他的宝贝，或进行分类，或者读他从伦敦订购的鱼类学、电学或关于古代历史的书籍。人们需要了解、需要看的东西太多了，永远也学不完看不够，人们所渴望学到的东西很多。"①

收藏是对知识的储存、布列和占有。"收藏者在列清单方面具有锲而不舍的精神，喜欢列清单的人要么是注重事实的人，要么就是收藏家。"②桑塔格的小说、札记和日记无不体现着她作为知识收藏者的禀性，与描述故事和表现主题相比，她更喜欢把一堆乱糟糟的材料和书单拼贴在一起，这里面不仅代表了她读过了多少书，走过了多少路，更多的是对占有过这些材料的自信和炫耀感。正如小说中表述爵士收藏与列清单时所言："他想永远占有它们，至少以清单的形式占有。"③

收藏代表拒绝和拥有的能力。一个收藏家能拒绝多少购买和收藏的欲望以及多少"南方"式的诱惑，则代表他有多少判断力和鉴赏力。桑塔格认为"每一种文化都有它的南方人"，而这种文化层面上的南方是艺术鉴赏力和自制力的反面。一个能够跳离庸俗的、泛滥的世俗环境的收藏家，才有资格拥有更高级的、更稀缺的艺术品。

收藏意味着联结和对话。"收藏者的世界同其他无限广阔的世界，同各种活力，同不同的领域，同不同的时代进行对话，而不是同他生活的那个世界对话。"④作为政治掮客的爵士，他的生活是相对局限的，而藏品成为打开爵士接近陌生和神秘领域的特殊媒介。"收藏使人联合。收藏使人孤立"⑤，收藏也抛弃了没有

---

① 桑塔格. 火山恋人[M]. 李国林，伍一莎，译. 南京：译林出版社，2002：14.
② 桑塔格. 火山恋人[M]. 李国林，伍一莎，译. 南京：译林出版社，2002：187.
③ 桑塔格. 火山恋人[M]. 李国林，伍一莎，译. 南京：译林出版社，2002：189.
④ 桑塔格. 火山恋人[M]. 李国林，伍一莎，译. 南京：译林出版社，2002：219.
⑤ 桑塔格. 火山恋人[M]. 李国林，伍一莎，译. 南京：译林出版社，2002：20.

对话热情那一部分人，而只保留了志同道合者。桑塔格认为，那些最精美的、最有收藏价值的藏品和历史应该由最有鉴赏力的收藏者所拥有。

结　语

时间是流动的，而每个时代的审美与选择也在变幻。对英雄的界定、对美人的审视均体现着个人与大时代的对话和回响。《汉密尔顿夫人》是集体的狂欢——将军的意义在于将军身份本身，而汉密尔顿夫人的意义在于她附属于奉献和繁盛。《汉密尔顿夫人》是丘吉尔时代的宠儿，它承担着那个战时阶段特定的审美号召和传播使命，是集体无意识下的合唱；而《火山恋人》则挣脱了热血与传播，它指向缜密的收纳和收藏，摆脱了特定的使命感，专注于真正意义上审美自省和反思。《火山恋人》里所有人的意义似乎都在身份之外，因为他们每一个都有延展和拓深的另一重身份，正如外交家身份之外的收藏者、模特身份之外的艺术家、母亲身份之外的知己以及国王身份之外的顽童。桑塔格想告诉人们，一元定义完全不适用于讲述故事，因为每个人都并非只是这一个人，而每段生活也并非只有一个线头。从《汉密尔顿夫人》到《火山恋人》体现了审美的超越，由相对封闭到开放灵活，让文本的意义走向更多可能。桑塔格在传统、硬性的框架之外给予文本以更多的想象与宽容，这既是人情的宽容，也是审美的宽容。因此，后者远远超越了前者，具有更多的审美弹性和更宽广的思想厚度。

第三节 桑塔格的“无限清单”

美国艺术评论家桑迪·奈恩（Sandy Nairne）认为博物馆现象是历史性和社会性的文化盛事，也是“事实上的、意义的创造性载体”[1]。西方的博物致志和清单编目习惯由来已久，具有悠久的传统和历史。

荷马在《伊利亚特》第二卷里用了 266 行计数的形式“记取所有进兵伊利昂的士卒人等”，展现了蔚为壮观的海上“舰船”之战；[2]赫西俄德的《神谱》列举了不可穷尽的众神名录，打造了初具规模的古希腊诸神谱系图；奥维德在《变形记》里聚合了约 250 个关于“变形”的神话故事，重新规划了神灵谱系；奥索尼乌斯在《莫塞尔河》里开列了“鱼单”；[3]拉伯雷在《巨人传》中描述了高康大全才式教育所集纳的织布、制药、冶金、印刷、制表、打造家具等诸多环节，架构了人文主义理想化的智识体系；傅立叶在《巴黎新气象》中描述的拱廊街展现了巴黎“新世界”图景；梭罗的《瓦尔登湖》尽数植物名称，创造了一个康科德“福地”；托马斯·曼的《魔山》“探索”一节里罗列了生物学、解剖学和生理学专有术语，试图探寻现代科学之间的“连锁关系”；博

---

[1] Bruce W. Ferguson, Reesa Greenberg, Sandy Nairne. Thinking About Exhibitions[M]. New York: Routledge, 1996: 2.

[2] “告诉我，缪斯，你们居在奥林波斯山峰，女神，你们总是在场，知晓每一件事由”，这一段告白式的开场白拉开了《伊利亚特》第二卷恢宏的战争帷幕，描写了 10 万阿开亚联军部队齐聚奥利斯港湾（Aulis），带来各自的军舰共计 1186 只。其中，阿伽门农和墨奈劳斯兄弟的船只数量最多，近 200 艘；阿基琉斯带来了 50 艘船；奥德修斯的船头涂上象征希望和热血的红色。各色实心的和空心的船只、来自内陆和港湾地区的军舰排满了海域，蔚为大观。艾柯将《伊利亚特》第二卷中阿开亚联军的港口大演习称之为“点船录”。

[3] 艾柯. 无限的清单[M]. 彭淮栋，译. 北京：中央编译出版社，2013：52.

尔赫斯在《约翰·威尔金斯的分析语言》文章里，细述了威尔金斯为世界所分类的 40 项名目；罗兰·巴特的《S/Z》对巴尔扎克的小说《萨拉辛》进行了精密的切分和目录式梳理；福柯在《词与物——人文科学考古学》里受博尔赫斯启发而对动物做出巧妙的分类。

本雅明、福柯、罗兰·巴特、博尔赫斯和帕慕克等都拥有建造私人博物馆和罗列藏品清单的习惯。桑塔格与他们不同的是，她的"清单名录"更混杂，全面涉足文学、哲学和艺术等多领域，建造了从严肃文学到嬉皮士文化等多路径的美学博物馆，也正因此，她的名字成为现代美学绕不开的关键词。在其小说、札记和日记等文本中，"清单"作为高度浓缩的智识载体，传达其不拘一格的历史观、哲学观和美学观。被评论界认为是"博物馆""百科全书"和"智力过山车"的桑塔格，在《西贝尔贝格的希特勒》一文里论述电影的艺术性时谈及"现代总体艺术作品倾向于成为似乎是不相干的因素的聚合而非一种综合"，"以混成作品形式出现的伟大艺术无一例外地值得研究"。[①]这也是桑塔格痴迷于罗列清单，引荐、混杂艺术种类和建构私人博物馆的重要理由。与翁贝托·艾柯所标榜的"无限清单"不同的是，桑塔格的清单不仅是智识指南，也是美学和权力策略。

一、智识指南

桑塔格旺盛的读书欲和好奇心几乎全部体现在清单名目里，其"无限清单"并非指数量上的不可穷尽，正如卡内蒂所追求的"绝对长寿"和"精神长存"、本雅明强烈的"收藏热情"和"微

---

① 桑塔格. 在土星的标志下[M]. 姚君伟，译. 上海：上海译文出版社，2006：153，162.

型王国"，①是一种趋向无限的占有雄心，大量地涉及、跨界地整合和奇妙地拼贴。她认为，对于一个并不热衷于好为人师的人而言，记事簿是写作真正的开始；记录的科目是漫无目标的，也可以把这一科目理解为"一切"；记事簿里的"条目"是任何"长度""形状""程度"的"不耐烦和粗略"的记录。②

在批评界，有关桑塔格智识收藏贡献的表述大致以如下 3 种为代表。

1. 百科全书、大图书馆。有人认为，桑塔格是一个"大图书馆"。她的"目录"中容纳着每个人都称心的东西。桑塔格有一种野心，期待自己的书能够成为百年之后人们仍旧"会阅读的书"。2002 年 1 月，加利福尼亚大学洛杉矶分校（University of California, Los Angeles, UCLA）与桑塔格签署合同，买下了她包括信笺和手稿等私人图书数万册，打破了当时收购一位作家档案所需支付费用的最高纪录。这一巨额的图书收购纪录被称为"精神的奥林匹斯"。③

2. 智力过山车。评论界认为，她是一位才智上的"马拉松运动员"，没有停止超越自己，认为她是"智慧型媒体明星"。

3. 文化景观。有人认为，她本身是一个"文化景观"，她令人惊讶地糅合了"智力与嬉皮士"的双重特质，同时她也更加热烈地寻求一种肯定的、理想型的"死后生命"。④

从传播效应而论，自主选择和被动导入是两种完全迥异的求

---

① "卡内蒂记下的大多数条目涉及格言作家的传统主题：社会的种种虚伪、人类愿望的虚荣、爱的虚假、死亡的讽刺、孤独的快乐与必要、人的思维过程的错综复杂。"（见《在土星的标志下》第 186 页。）

② 桑塔格. 在土星的标志下[M]. 姚君伟，译. 上海：上海译文出版社，2006：186.

③ 丹尼尔·施赖伯. 苏珊·桑塔格：精神与魅力[M]. 郭逸豪，译. 北京：社会科学文献出版社，2018：333-334.

④ 丹尼尔·施赖伯. 苏珊·桑塔格：精神与魅力[M]. 郭逸豪，译. 北京：社会科学文献出版社，2018：71-334.

知体验，因此自由阅读驱使人背离"按图索骥""中规中矩"的清单导引，相反，将清单夹杂和嵌入文本的形式反而更有说服力和吸引力。在缺乏逻辑线条、思维导图的"乱糟糟"的材料里，闭塞和傲慢的通道被打开，一切都变得生机勃勃。在接受欧洲大图书馆计划和百科全书精神承袭中，桑塔格通过编目和阐释让原本沉寂和单一的智识相互触碰，获得增容。

清单收藏和编目被桑塔格纳入其整个写作体系之中，以小说《火山恋人》（1992）、《在美国》（2000）、日记、札记《反对阐释》（1966）、《激进意志的样式》（1969）、《在土星的标志下》（1980）、《重点所在》（2001）和《同时》（2007）以及各种序记最具代表性。桑塔格热衷于浏览博物馆、收藏图书和编目清单，她的目录除了最无悬念的哲学清单、作家清单和时评清单以外，还涉及科幻电影、考古学、航海大发展、教堂中世纪手稿和民间舞蹈等混杂界面。

从内容看，她的清单可以包括以下两类。

以《重点所在》为例，桑塔格做了导读分类："阅读""视觉"和"彼处与此处"。研究借助于她的清单名录将其文本做如下区分。

1. 视觉及艺术清单

（1）曲乐清单。桑塔格酷爱各种音乐，对曲乐充满好奇心，甚至为了弥补儿时的缺憾，在2001年癌症化疗期间还短暂学过钢琴。在她的文本中，从欧洲歌剧、摇滚乐到美国街头说唱音乐，无所不有。小说《在美国》是对欧洲音乐史的一次隆重礼赞，如珍藏古老唱片的博物馆一样，陈列了庞杂的曲乐清单，其中包括瓦格纳、舒伯特、肖邦的《乐曲》，"比才和瓦格纳的弦乐三重奏"，肖伯特的"羽管键琴曲"，"瑞典夜莺"歌唱家珍妮·林德的《魔鬼罗勃》，克拉辛斯基的曲词，库尔平斯基的歌曲，奥芬巴赫的《大公夫人》，安东·鲁宾斯坦和奥金斯基的华尔兹等名录。另外，莎士比亚戏剧及舞台剧表演被全面涉及，成为女主人公玛琳娜从波兰、乌托邦农场到美国漂泊历程中从未被丢失的身份符号，也是"拥有高雅艺术、伦理严肃性"欧洲的"换歌"和象征。①在《〈可见之光〉词汇表》一文中，桑塔格将露辛达·蔡尔兹的大型舞蹈作品《可见之光》切分成为"美""坎宁安""对角线"和"空间"等38个清单，这种制词表形式是基于对巴特结构主义符号学理念的模仿。②在《意难忘》一文里列数了"飞机上的舞者""食与舞""刀"和"勺"等10个清单；《舞蹈家与舞蹈》和《论林肯·柯尔斯坦》等文章虽无序列编排，但却以导引的形式介绍了编舞者佩季帕、舞蹈配乐亚当、德利布、斯特拉文斯基、舞蹈史学家和理论家林肯·柯尔斯坦、舞蹈家玛丽·塔格里奥尼和芬妮·埃尔斯勒、巴里什尼科夫、狄奥斐尔·戈蒂埃、巴兰钦和罗兰·珀蒂等舞蹈清单名录。值得留意的是，桑塔格还点到了"俄罗斯芭蕾舞、布农维尔舞、英式舞蹈"和现代舞的舞蹈种类。

（2）奇宝清单。桑塔格陶醉于往来各处的旅行之中，她也成为各种博物馆、艺术馆、珍宝馆、美术馆、拍卖和收藏家宅邸的常客。因此，有确定价值的和潜在价值的奇迹珍品都成为她创作记忆的一部分，也验证了她宏阔的行者目光。小说《火山恋人》见证了她作为游客身份所观察到的斑斓世界，虽然收藏良物并非她的习好，但她想象出了一个跟自己眼光同样挑剔的审美艺术家并赋予其收藏的使命。那不勒斯大使威廉爵士收藏着大量高频流通和冷门的珍品，而海量的甄选和储存也让他名利双收。那不勒

---

① 桑塔格.重点所在[M].陶洁，黄灿然，等译.上海：上海译文出版社，2004：339-344.
② 巴特在《神话修辞术——批评与真实》（上海人民出版社，2009）第一部分"神话修辞术"里，切入了"自由式摔角的境地""阿尔古尔的演员""电影里的罗马人""作家度假""火星人"及"葡萄酒和牛奶"等41个主题。他在《显义与晦义》（百花文艺出版社，2005）的第二部分以"听""噪音的微粒""音乐、噪音、语言"和"快速"等主题讨论艺术符号学问题。

斯无人问津的火山弹碎片、五彩缤纷的盐状物、火山凌灰岩、17世纪冷门艺术流派托斯卡纳派大师的绘画、中世纪老教堂里的无名氏手稿和柯勒乔的艺术品等，全都混杂在他的宅邸中。同时，他重金买入"拉斐尔、提香、韦罗内塞、卡纳莱托、鲁本斯、伦勃朗、凡·戴克、夏尔丹、普桑等人的画作"①。为了善存它们，他把自己的空间不断挪移、出让，让它们享受着"皇家博物馆"的奢侈礼遇。威廉从行走无疆到半步不舍得游离，沉浸于一种无人喝彩的、丰富的、浓烈的自得自足中，这种感受和桑塔格如出一辙。

（3）博物馆清单。桑塔格陶醉于博物馆的艺术旅行之中，并迅速吸收其输送的精神养分，浸染于无奇不有的博物馆艺术环境中，这塑造了她杂学家的智识人格。14岁的桑塔格，将绝大部分时间停留在古根海姆博物馆、非具象绘画美术馆和大都会艺术博物馆等地方。博物馆里所展示的知识被她充分地吸收，让她迅速地走向"理智之年"。1991年，桑塔格为波士顿美术博物馆举行的"威尔逊回顾展"写目录手册。2002年，在接受博物馆学家菲利普·费希尔（Philip Fisher）访谈时，桑塔格描述了1947年初到纽约时痴迷于参观当地博物馆的情形。在2003年以后，年过70的桑塔格每天平均看3～4个展览，其中纽约现代艺术博物馆也是她常去的地方，同时值得关注的是馆长克劳斯·比芬巴赫（Klause Biesenbach）是她重要的友人。

（4）影像清单。桑塔格即使在癌症手术期间，依然保持晚上看电影的习惯。她可以读无穷而不倦，她着迷于布勒东、戈达尔、德·米勒、西贝尔贝格、杰克·史密斯和雷乃的电影，对科幻电影十分好奇，对图像艺术大加肯定，认同凌乱的"波普艺术"、电

---

① 桑塔格. 火山恋人[M]. 李国林，伍一莎，译. 南京：译林出版社，2002：190.

影的"间离效果"以及戈达尔在《随心所欲》首映时的"清单"式广告语,在《重点所在》文集中收录的《戈达尔的〈随心所欲〉》也是受到前者的启示而完成的"清单"式札记。桑塔格借助瑞典桑德鲁电影公司(Sandrew Film)制片人约兰·林格伦极少的180000 美元资助,拍摄了第一部电影《食人族二重奏》(*Duet For Cannibals*,1969)。在第一部上映时得到更多资金的桑塔格又拍摄了第二部电影《卡尔兄弟》(*Brother Carl*,1971);随后,又拍摄了以"赎罪日战争"为题材的纪录片风格的散文电影(Film essay)《应许之地》(*Promised Land*,1973)。在此之前,她甚至还打算拍一部西部电影和科幻电影。在经历过电影的沉寂之后,《论摄影》(1977)以丰实的 6 篇散文为她赢得新的荣耀,这部作品讨论了战争中的相片、照片的档案功能以及"便携式博物馆"功能等问题。她认为:"某种东西通过被拍摄而成为一个信息系统的一部分,纳入到分类的储藏的序列当中去。"这里面的范围从家庭影集的年代序列,到摄影的归档排列,"诸如天气预报、天文学记录、微生物学、地质学、警察工作、医疗培训和诊断处方、军事侦察以及艺术史等等"[①]。她认为照片是"纸品魔影""晶体管化的景观"。值得注意的是,桑塔格英俊而妩媚的面庞,从年轻时代起就成为她图书宣传重要的王牌,她的自我影像和她文本中的美国现代化影像、欧洲影像以及"邪恶轴心国"影像等构成了丰富的视觉长廊。

2. 阅读清单

(1)文学清单。作为作家的桑塔格,也是批评家、媒体人和"文学猎头",因其每一篇札记都聚合着新老面孔,她疯狂阅读和旺盛不竭地"推陈出新",常常让人深感"知识不足"。一生致力

---

① 桑塔格. 论摄影[M]. 艾红华,毛建雄,译. 长沙:湖南美术出版社,2004:172.

于小说伟绩而频繁受挫的桑塔格，却在笔记、札记、时评、演讲稿和序言当中另获殊荣。她对最一流文本的敏锐度和洞察力无人能及，从托马斯·曼、纪德、博尔赫斯、加缪到纳塔丽·萨洛特，她的小说家名录可以单列一个长长的清单。她大量地炮制生词表，将其中所有小说文本中遇到的新词一网打尽。出版商斯特劳斯让她帮自己一起甄选即将出版的小说；《党派评论》等杂志一度追随她的阅读脚步，参考桑塔格的批评意见。桑塔格之所以能成为现代美学高频参照的作家，正在于其缜密的知识体系和宽广的审美视野。为了写《关于"坎普"的札记》，她做了"'创造性感受力'的清单"，"写下了一份'坎普'衍生物的真正目录"①。同时代的戈迪默不仅是她的闺中友人，也是和她共同参与世界艾滋病防治宣传的同行人，和她有过数次创作合作和公众演讲。阿尔托的残酷戏剧是其"反对阐释"最具体的呈现。W. G. 谢巴德是桑塔格夸赞过的"大师"级作家之一，他的"片段记忆""游历"印象，打开了桑塔格对于城市、生活方式等问题的思考，而这些主题也是她最为关注的热点之一。桑塔格创作中很少显现自己的影子，但是她依然成功地借用了作家们的"记忆""换歌""旅行"和"碎片"托管了自我的情绪和立场。对于一个不写诗而长于散文的作家而言，她依然认为"诗歌是飞行术，散文则是步兵"②。在《重点所在》散文集开篇，她破天荒地摘选了伊丽莎白·毕晓普充满浪漫主义感言的诗歌：

> 莽原、都城、邦国、尘寰
> 选择无多因为身不由己
> 去路非此即彼……所以，我们当仁足家园

① 丹尼尔·施赖伯. 苏珊·桑塔格：精神与魅力[M]. 郭逸豪，译. 北京：社会科学文献出版社，2018：133.

② 桑塔格. 重点所在[M]. 陶洁，黄灿然，等译. 上海：上海译文出版社，2004：7.

只是家在何方？①

旅行、认知和怀疑构成了桑塔格作家清单中的所有内容，而这首《旅行》很好地阐释了这一主题。

（2）哲学家清单。齐奥兰是桑塔格同时代的哲学家，被其视为"当代遗迹"和"社会衰落的考古学家"。于桑塔格而言，其哲学回答了一个严峻的问题，即"精神如何在永恒末日的时代得以幸免"②。齐奥兰的末世虚无主义和格言警句体风格对桑塔格创作有深刻的影响。保罗·田立克和雅各布·陶布斯是她的精神指引者和支持者，开启了她的智识空间。本雅明的《机械复制时代的艺术》是与她的合唱。德勒兹的赛博空间和千高层理论与她的旅行理论有相邻性。巴特的"零度写作""符号学"理论以及条目式体例深深地影响了桑塔格的写作风格和创作体例。哲学是桑塔格的起点和基石。

（3）流亡文化清单。桑塔格自诩为流亡者，因为自身的犹太裔身份，她天生对犹太文化、波兰作家、波希米亚流亡群体以及游牧文化存在亲近感。她笔下涉及最多的流亡文化名人包括托马斯·曼、阿尔托、本雅明、亚当·米奇尼克、贡布罗维奇、亚当·扎加耶夫斯基、卡内蒂和约瑟夫·布罗茨基等。在《走近阿尔托》《智慧工程》《约瑟夫·布罗茨基》等文章里，她专门讨论过他们的作品和现代价值。1958 年，在巴黎学习期间，桑塔格和波希米亚流亡文人安妮特·米歇尔森、艾伦·布鲁姆、哈丽特·索默斯以及伯利克等人建立了浪漫而短暂的流亡文化圈。在桑塔格之前，他们许多人是一种极其抽象的存在；桑塔格的评介让他们与批评界和阅读者的关系递进了一层，实现了他们与之更多的交互和长

---

① 桑塔格. 重点所在[M]. 陶洁，黄灿然，等译. 上海：上海译文出版社，2004：4.
② 丹尼尔·施赖伯. 苏珊·桑塔格：精神与魅力[M]. 郭逸豪，译. 北京：社会科学文献出版社，2018：167.

远的对视。因此，她也是桥梁、媒介和索引。她和流亡文化的共生感体现在她吟诵毕晓普诗歌时所暗藏的心灵震动，以及她在作品中存在的不可解除的漂泊感。《在美国》里的玛琳娜夫人，至少有一半是在表述桑塔格自己的心路历程。《对欧洲的认识（又一首挽歌）》中讲到曾几何时，对欧洲有至亲、至尊、至爱的痴迷和想象，但正如玛琳娜夫最终放弃波兰一样，她也开始向外寻求新的精神力量。旧的无可挽回，而新的尚未到来，因此"在路上"成了流亡文化恒一的主题。桑塔格的思想伴随几次大的裂变、转换和跳跃：从崇拜欧洲，到走出欧洲；从肯定越南英雄主义精神的左翼立场，到支持米克洛斯·杜哈伊、阿里泰昆、兹比格涅夫·列维奇、金秀南、桑多尔·莱扎克等遭通缉令或驱逐出境的流亡作家的新保守主义；从支离破碎的新感受力表现到返璞归真的现实主义创作；从纠结于小说成就到全面的札记生涯；等等。桑塔格认为流亡者是不可归类的域外行者，是文化的混血儿。她在流亡文化中找到了联结点和生长点。正如她引用的扎加耶夫斯基点题诗《另一种美》中所表达的：

> 我们只能在另一种美
> 在别人的音乐，别人的
> 诗歌中得到慰藉。
> 救赎取决于他人，
> 尽管独处的滋味就像是
> 鸦片一般。他人并非地狱，
> 如果你能在破晓时分，当
> 他们的眉毛被梦想梳洗干净后，
> 瞧上他们一眼。因此我很踌躇：
> 该说"你"还是"他"。每个他中

都有你的一部分，但平静的谈话

会在别人的诗歌中耐心等待。①

这首诗表达了桑塔格对他人和自我关系的看法，她认为过着纯粹的自我生活是无意义的，作家应该从外在世界中获得更多的力量，也应该将自我的能量输向他人，而他人和自我之间的关系并非敌对的，而是紧密相关和互相扶持的。

对波兰、犹太裔流亡作家以及流亡精神的高度评价在《贡布罗维奇的〈费迪杜克〉》一文中有集中的体现，这里写道："波兰文化在整个欧洲文化中一直处于边缘地位，它所关注的焦点也与西欧国家截然不同……流放考验和拓展了他的写作才能。"②

（4）报刊清单。③桑塔格和欧洲、美国一流报刊建立直接密切联系，可视为文化史和美学史上重要的一章。严肃期刊发现了她，而她也给一流的报刊打开了更多的窗口，拓宽了批评的路径。

桑塔格对杂志的选择极为挑剔，严格遵循丰富、深刻的智识标准。青少年时期，《党派评论》、《塞瓦尼评论》（*The Sewanee Review*）、《肯尼恩评论》（*The Kenyon Review*）、《政治》（*Politics*）、《地平线》（*Horizon*）、《口音》（*Accent*）和《虎眼》（*Tiger's Eyes*）都是其思想早慧的重要推力。桑塔格一直在寻找适合自己的读物，而那些一流的杂志也在等待真正的读者。

《科利尔斯》（*Colliers*）杂志中有关芝加哥大学的介绍开启了桑塔格的求学之旅。英国的《独立报》（*The Independent*）和《芝加哥论坛报》（*Chicago Tribune*）在她成名以后的采访中报道了其

---

① 亚当·扎加耶夫斯基. 另一种美[M]. 李以亮，译. 广州：花城出版社，2017：1.

② Susan Sontag. Where the Stress Falls[M]. New York: Picador, 2002: 127-128.

③ 此部分"报刊清单"的杂志名和发表时间等文献资料及数据参考了丹尼尔·施赖伯著、郭逸豪译的《苏珊·桑塔格——精神与魅力》和罗利森等著、姚君伟译的《铸就偶像——苏珊·桑塔格传》；感谢丹尼尔·施赖伯等人给本书撰写提供的档案和文献资料。

读书时期的热情和勤奋。

　　1959 年，桑塔格到《评论》（*Commentary*）杂志社工作，之后，她又为《哥伦比亚每日观察家》（*The Columbia Daily Spectator*）文学副刊编写"书评"①。和严肃期刊打交道的这段经历锻炼了她的眼力和写作能力，也为日后和媒体打交道提供了丰富的经验。桑塔格不安于现状、勇于超越的文学野心在这时初见端倪。

　　1960 年，安妮特·米歇尔森和桑塔格建立了深厚的友谊，其活跃的思维和多元文化观对其影响深远，她也是后来知名刊物《十月》（*October*）②的创始人。

　　1962 年始，桑塔格的文章见诸《党派评论》、《国家》（*The Nation*）、《图书周刊》（*Book Week*）和《常青评论》（*Evergreen Review*）等权威杂志中，这是桑塔格一直梦寐以求的事情。1963 年，《纽约书评》（*New York Review of Books*）推出建刊号，将新生力量——桑塔格的文章和资深评论人麦卡锡和哈德威克等人的作品放在一期里，这令桑塔格一时声名大噪。1961 年，通过出版商及好友斯特劳斯的引荐，桑塔格结识了最具影响力的编辑罗伯特·S. 希尔维斯，而他也是后来《纽约书评》的创办者。与此同时，兰登书店出版人杰森·爱泼斯坦（Jason Epstein）和《时代周刊》（*Time*）也和桑塔格建立了学术联系。《洛杉矶时报书评》（*Los Angeles Times Book Review*）编辑史蒂夫·瓦瑟曼（*Steven Wssserman*）评价桑塔格创作里有一部分是属于"加利福尼亚式"的内容。

　　桑塔格不仅和严肃报刊建立联系，而且也和流行时尚期刊有

---

　　①　丹尼尔·施赖伯. 苏珊·桑塔格：精神与魅力[M]. 郭逸豪，译. 北京：社会科学文献出版社，2018：95.
　　②　丹尼尔·施赖伯. 苏珊·桑塔格：精神与魅力[M]. 郭逸豪，译. 北京：社会科学文献出版社，2018：87.

合作关系。1963 年，她的短篇小说《假人》发表在《哈泼时尚》（*Harper's Bazaar*）杂志。除此之外，《女士》（*Elle*）、《时尚》和《生活》（*Life*）等杂志为了扩大知名度、提升其品味，也邀请知名的知识分子为其撰写文章。桑塔格为这些不受知识界重视的杂志供稿，一时饱受争议。桑塔格不在意外界对她的眼光，依然我行我素，游刃有余地穿梭于两种文化之间，这也是其变换传统精英路线和尝试"坎普"艺术的开启。

1964 年，桑塔格在《国家》杂志上撰文《明眼人的盛宴》（"A Feast for Open Eyes"），为有争议的地下电影《热血造物》（*Flaming Creatures*，1963）辩解，[①]她从美学层面对电影进行了充分的辩护和阐述，而这些文章后来被收入其散文集《反对阐释》当中，是其最有代表性的美学宣言。同年，与文集同名的《反对阐释》单篇散文首发于《常青评论》上，在这篇文章里，她批评了陈旧的艺术形式，强调"新感受力"的表达。1965 年，她的《一种文化和新的感受力》（"One Culture and One Sensibility"）文章节选版被斯特劳斯另刊于《女士》中，打破了精英文化与通俗文化之间的壁垒，强调艺术的感受力。1965 年以后的数年之间，发表于《大西洋》（*The Atlantic*）等刊物中的散文，逐渐确立了她札记作家的身份。1966 年，《反对阐释》出版，被《纽约时报书评》（*The New York Times Book Review*）充分肯定。与此同时，评论界也有很多批评的声音：《纽约书评》认为其表现方式矫饰而不够自然；而《评论》杂志则讥讽桑塔格标新立异；《异见》（*Dissent*）杂志出版人欧文·豪认为她过于热衷媒体形象而疏离了知识界，有哗众取宠之嫌。同年，桑塔格和儿子大卫的合影被刊登在《时尚》和《女士》中，这时她英俊的形象和特立独行的艺术创新一同被推出，

---

① 丹尼尔·施赖伯. 苏珊·桑塔格：精神与魅力[M]. 郭逸豪，译. 北京：社会科学文献出版社，2018：126-127.

成为各大媒体报道的热点。《三便士评论》（*The Threepenny Review*）杂志认为，当时大部分有阅读习惯的人都在浏览桑塔格的文章，而后者成为流行时尚和严肃话题奇怪的混合体。

1967 年，《反对阐释》第一版热销 8000 册①，这是严肃文本销售的辉煌业绩。桑塔格的国际影响力也受到了各家出版商和杂志社的重视，其散文被推向《伯尼尔文学杂志》（*Bonniers Litterära Magasin*）《口音》和《时代》等。

1969 年，古巴的杂志《艺术论坛》（*Artforum*）发表了其《古巴海报》（"Cuban Posters"）一文；《壁垒》（*Ramparts*）刊载了其《关于我们如何正确热爱古巴革命的思考》["Some Thoughts on the Right Way (for us) to love the Cuban Revolution"] 文章。1971 年，她和数名世界各地的文人，在《纽约时报》和法国的《世界报》（*Le Monde*）上发表了联合质疑和批评古巴政府的文章。同年，《乡村之音》（*The Village Voice*）杂志对此又有延续的报道。

1972—1974 年，桑塔格强调艺术的真实性和政治的保守性，在接受《集萃》（*Salmagundi*）杂志采访时，她表示和左翼立场暂别。《绅士》（*Esquire*）采访了桑塔格的前夫菲利普，菲利普在访谈中谈到了他和桑塔格婚姻解体的重要原因。这些非学术化的采访为研究桑塔格生平和思想流变提供了参考依据。

1973 年，《金融时报》（*Financial Times*）评论桑塔格的《应许之地》是一部让人过目难忘的电影，相对客观地反映了赎罪日战争。1973—1975 年，桑塔格在《党派评论》、《时尚》、《柯梦波丹》（*Cosmopolitan*）等杂志上发表了有关女权运动、阿尔托残酷戏剧的相关评论。同时，《纽约书评》陆续刊载其关于摄影主题的系列文章，好评如潮。桑塔格在这一阶段通过写稿和杂志社建立

---

① 丹尼尔・施赖伯. 苏珊・桑塔格：精神与魅力[M]. 郭逸豪，译. 北京：社会科学文献出版社，2018：152-153.

了牢固的合作关系，这为她解决经济困难提供了条件。因为在知识界持久的影响力，桑塔格随后还获得了"洛克菲勒奖学金和古根海姆奖金"①。1975 年，她接受《新波士顿评论》（*New Boston Review*）采访，谈到了移民文化和文化欧洲问题。1978 年，桑塔格在接受《滚石》（*Rolling Stone*）杂志访谈时回忆自己创作启蒙的童年时期。同年，《纽约客》（*The New Yorker*）刊登了《没有向导的旅行》（"Unguided Tour"），这篇文章对"琉璃易碎彩云散"的艺术和生活深怀遗憾和感叹，是对欧洲城市发展史一曲无尽的挽歌。《纽约时报书评》评论这是极佳的短篇小说，认为它以桑塔格适合的方式表现了恰到好处的内容。

在全面挺进新媒体和新艺术领域的过程中，桑塔格逐渐远离学院派风格和行为，最直接的体现是淡化了对一批著名的学术刊物的热情，包括《艺术论坛》、《新德国批评》（*New German Critique*）、《十月》和《暗箱》（*Camera Obscura*）等。桑塔格对纯粹学院派的批评热情也慢慢变淡，努力在更开放的公共领域寻找自己的智识同盟。事实上，批评界也需要这样一种角色——沟通学院派、媒体及大众文化之间的桥梁人物，而桑塔格完全胜任于这一角色。她有效地组织一个集学者、媒体和电影人为一体的跨领域研究所，并且开展了非常具体的研究工作。

1982 年，桑塔格对波兰团结工会运动表达自己的政治立场，于《自由职业每周新闻》（②*SoHo Weekly News*）杂志和《国家》杂志上发表了她的讲话，因其相对中立的立场和态度受到一些批评界人士的质疑和指责。显而易见，桑塔格被时代赋予高于她个

---

① 丹尼尔·施赖伯. 苏珊·桑塔格：精神与魅力[M]. 郭逸豪，译. 北京：社会科学文献出版社，2018：207.

② 丹尼尔·施赖伯. 苏珊·桑塔格：精神与魅力[M]. 郭逸豪，译. 北京：社会科学文献出版社，2018：249.

人身份的意义，因为人们都希望她能表达更多，做到更多，都希望她能拿出有效的办法，这也是她一直追求的、严肃的知识分子使命。但是，桑塔格的创作时常指向让人意想不到的方向。在整个 20 世纪 80 年代，桑塔格的创作相对分散，她在《家庭与花园》（*House and Garden*）刊载了《幻想之地》（"A Place for Fantasy", 1983）①一文，从西方园林史到现代家庭当中的防空洞，探讨了洞穴的建筑美学。1984 年，她的另一篇文章《模式目的地》（"Model Destinations"）刊登在《泰晤士报文学增刊》（*Times Literary Supplement*）上，引起批评界的关注。

1991 年，八幕剧《床上的爱丽斯》问世，此剧虽短，但经历了 12 年的酝酿，最终在德国获得首演。《法兰克福汇报》（*Frank furter Allgemeine Zeitung*）《南德意志报》（*Süddeutsche Zeitung*）对这部剧本并不认同，认为它结构松散似乎什么也没有表达，并不是一部成功的作品。

1992 年，《火山恋人》出版，受到《纽约时报》知名评论人角谷美智子高度赞赏。1996 年，她在《纽约时报》发表了《电影的没落》（"The Decay of Cinema"）②一文，引起批评界热议。一方面，人们肯定桑塔格的专业性和对电影倾注的热忱；另一方面，大量已成故纸堆的电影名录已经激不起一丝波澜。在这一刻，桑塔格被认为是过时的英雄。

2000 年，英国《卫报》（*The Guardian*）报道了其婚姻的细节，在这篇访谈中，桑塔格罕见地坦诚了她的心路历程，并提及了根据其婚姻故事而改编的自传体小说《书信情景》（*The Letter Scene*,

---

① 丹尼尔·施赖伯. 苏珊·桑塔格：精神与魅力[M]. 郭逸豪，译. 北京：社会科学文献出版社，2018：254.

② 丹尼尔·施赖伯. 苏珊·桑塔格：精神与魅力[M]. 郭逸豪，译. 北京：社会科学文献出版社，2018：312.

1988）。

2001 年，桑塔格发表了一篇针对"9·11"事件的时评文章《杀人犯不是懦夫》（"The Murderers were No Cowards"），引起美国国内巨大的震动。以《旗帜周刊》（*The Weekly Standard*）、《国家评论》（*National Review*）和《纽约邮报》（*New York Post*）等为代表的严厉派，指责桑塔格是"蠢货"和头脑错乱的艺术家；以《新共和国》（*The New Republic*）、《华盛顿邮报》（*The Washington Post*）为代表的温和派，批评桑塔格的认知笨拙。2003 年，桑塔格荣获德国书业和平奖。《南德意志报》和《法兰克福汇报》充分肯定了她的散文贡献，但对其小说和媒体形象不置一词。①

2004 年，桑塔格病逝，享年 71 岁。《纽约时报杂志》（*The New York Times Magazine*）《法兰克福汇报》《南德意志报》全面回顾了她的个人生平、创作成就和社会影响力。桑塔格与报刊打交道的历史整整跨越了半个世纪，从 20 世纪 50 年代到 21 世纪初，她见证了美国出版业的变化和兴衰、美国艺术思潮、文学创作及批评的发展和流变。换言之，桑塔格与报刊媒介往来的 50 年，是美国现代文学、艺术和批评史发展的 50 年。

二、相遇式美学

（一）遴选原则

1. 艺术性

并非所有的收藏艺术都能被桑塔格认可，也并非所有的藏品都能纳入她的清单。与她同时代的艾柯所做的清单收藏达到"不可备载"的地步，但依然被桑塔格嗤之以鼻。桑塔格在 3 个场合均对艾柯表示出极大不屑和轻视。1972 年 7 月 28 日，桑塔格在

---

① 丹尼尔·施赖伯. 苏珊·桑塔格：精神与魅力[M]. 郭逸豪，译. 北京：社会科学文献出版社，2018：8-354.

日记中点评艾柯的作品是"廉价的艺术""作为建筑物的墓地"，认为"有些活动只有少数人从事，才是有可能的"。①1987 年，在和出版商斯特劳斯挑选即将出版的图书时，桑塔格在萨塔和艾柯二者之间推选了前者的。2001 年，在记者会上回忆艾柯年轻时夸下的海口和"自己的抱负"时，"同样心高气傲的桑塔格"认为"这又是一个'盲目自大'的案例"。②桑塔格认为"畅销书"作者的眼光不够专业，也不够深远，即使冒险做着典藏工作，也不够精进，也没有艺术性。真正的"无限清单"应是基于极高的艺术眼光之下的鉴定、编目和传媒。

2. 延展性

桑塔格的视觉清单、阅读清单以及第三类清单并没有严密的思维导图，只是她在自认为有必要、有价值和有条件的时候自由切割而成的收藏目录。为了实现"苏珊·桑塔格计划"③，她大量地自制生词表、编写"作家和哲学家清单"④，事实上，她还有丰富的"旅行清单"和"艺术清单"。这样的理念被丹尼尔·施赖伯界定为"大图书馆"理念。批评界追随着她的足迹，不单指向她在小说创作和戏剧演出中获得的成果，更重要的理由是她疯狂读书的同时所炮制的、无限扩张的智识线索。与福柯艰涩、支离破碎的目录相比，桑塔格的清单嵌入了更具象化、视觉性的审美要素，她能在严肃路径和大众文化之间找到恰当的黄金支点，在混杂的媒体环境中往来自如、游刃有余。

---

① 桑塔格. 心为身役：桑塔格日记与笔记（1964—1980）[M]. 里夫，编，姚君伟，译. 上海：上海译文出版社，2015：408.

② 丹尼尔·施赖伯. 苏珊·桑塔格：精神与魅力[M]. 郭逸豪，译. 北京：社会科学文献出版社，2018：1，209.

③ 苏珊·桑塔格计划，又称为大图书馆计划、博物馆计划，彰显了桑塔格的智识野心。

④ 丹尼尔·施赖伯. 苏珊·桑塔格：精神与魅力[M]. 郭逸豪，译. 北京：社会科学文献出版社，2018：61.

（二）相遇的美学

桑塔格较早总结自己思想的完整构成是在 1966 年的日记中，她用清单的方式记录关键词：芝加哥大学、诺普夫、现代文库、中欧"社会学"、德裔犹太流亡知识分子、哈佛、维特根斯坦、阿尔托、罗兰·巴特、萨特、罗马尼亚哲学家 E. M. 齐奥兰、格言警句、宗教史、艺术和艺术史等。

与德勒兹的"数字媒介诗学"理念相似，桑塔格的美学思想也布满了"逃逸线""褶子"和"裂隙"，走向无限的开放和"解辖域化"，[①]其具体的表现是多元、丰富和伸展。裂隙的存在基于个人思想体系的不完整、不缜密和不自洽，因此，通往他者、"越界"和"增容"让联结显得十分必要，[②]让文本和任何被选择的文本联结，就可以形成新的结构、新的变形和新的记忆。美学的意义也由"相遇"决定，充满偶发性、不确定性。相遇的主体、时间和场所等因素，均会影响相应的作品内涵及相关界定。桑塔格的札记、影评和序文等文章受到评论界大加赞赏和充分肯定，而她的小说、戏剧和电影创作被一些批评家视为其写作的短板，被认为是预设了任务而完成的实验小作业。因此，在 1967 年之后的 25 年里，桑塔格一部小说都没有出现。直到 1992 年《火山恋人》的发表，打破了这一困境。

作品中的传奇故事具有 6 个褶子印，虚实相生，虽故事之间有矛盾和悖论，但 6 种讲故事的语言和框架让电影《汉密尔顿夫人》里传统、平庸的情节获得了全面的突围，变成了"动态"的成套故事，而人也成了动态的人。1942 年电影中的那不勒斯威廉

---

① 麦永雄. 光滑空间与块茎思维：德勒兹的数字媒介诗学[J]. 文艺研究，2007（12）：76-77.

② 麦永雄. 后现代多维空间与文学间性：德勒兹后结构主义关键概念与当代文论的建构[J]. 清华大学学报，2007（2）：41-43.

公使就是一个被设定好了的，毫无情趣、优渥而无品位的"恩客"形象，而汉密尔顿夫人的母亲则扮演老鸨和保姆的角色，英国海军舰长纳尔逊则被塑造成果敢、成熟而有国家大义的英雄形象。但到了 1992 年，桑塔格在小说里将他们完全大变形——汉密尔顿成了一个艺术家和收藏家且不拘一格，母亲一直围绕着女儿旋转完全出自担心和爱护，纳尔逊充满孩子气且关注儿女情长。在 6 个角色分别诉说汉密尔顿夫人生平故事的时候（包括她自我的叙述），每个人都给出了自我立场、个人的历史以及审美标准，因此每个人的故事都可以自圆其说。汉密尔顿、纳尔逊、汉密尔顿夫人以及老母亲则变成了更加完全和更解释得清楚的角色。当人变成了多场域下、延伸的、通达的个体时，故事从挤压的状态下获得全面释放、叠加和增容。桑塔格认为，一切预先假想的情节并不准确，每个个体在不同场域中和不同个体产生关联时都能够创造出新的可能，而这种不断出现的新可能就是人的定义——未完成的个体，而捕捉这种流动、变化和可能性是作家的重要任务。

福柯在 1966 年出版的《词与物——人文科学考古学》和罗兰·巴特所写的《阿奇姆博多：魔法师和修辞学家》一文都讨论了"词与物""组合符号"。[①]意义由相遇所决定。巴特在讨论阿奇姆博多绘画的时候谈道："这种想象力并不创造符号，而是组合符号。"[②]"由于画家有意使事物和词语处于一种含糊不清和不断变化之中，观者似乎永远无法确定它们之间的关系"，"作为符号，它们被加以连接和安排……以形成整体的意义"，"编码既意味着隐匿又意味着揭示，而这取决于观者的感知层次"，"隐喻开启了

---

① 耿幼壮. 语言与视觉建构——以罗兰·巴尔特的"词与物"为例[J]. 文艺研究, 2009（3）: 116.

② Roland Barthes. The Responsibility of Forms: Critical Essays on Music, Art and Representation[M]. New York: Hill and Wang, 1985: 130-131.

自身意义的不断展开，同时由于离心力量的存在，意义的回复也永远不会终止"。①福柯认为中国诗给人们提供了"幸运的空间场地"，"中国文化是最谨小慎微的，是为秩序井然的，最最无视时间的事件，但又最喜欢空间的无限展开"。②"魔怪或奇观本质上被看作是不同领域的越界，是对于秩序的破坏"，"就将动物和植物、动物和人混杂在一起而言，这显然是一种过分，是一种越界"，"过分、越界、变形和迁移是再自然不过的事情"。③

科吉斯托夫·波米扬（Krzyszt of Pomian）认为欧洲诸朝代的珍宝馆将珍品不加分类地杂置于一起，形成了"断裂"和"自由"，"这个短暂的断裂分层可谓自由之邦，珍宝被出自本能地限定在最奇特、最难获得、最令人惊讶和最深不可测的一切物体之上"。④"这种混乱不是一种缺陷，而是一种启示。"⑤福柯认为这种混杂是"一种苍天下面的堤坝文明"，"导致了一种没有空间的思想，没有家园和场所的词与范畴，但是这种词和范畴却植根于庄重的空间，它们全都超载了复杂的画面、紊乱的路径、奇异的场所、秘密的通道和出乎意料的交往"。⑥

在书籍泛滥的时代，很多卓越的、籍籍无名的文本在缺乏智者推荐的情况下很难有"出头之日"，而桑塔格的贡献则是大量涉及、充分发现这些文本，她为文本与阅读者制造了"相遇"的机

---

① 耿幼壮. 语言与视觉建构——以罗兰·巴尔特的"词与物"为例[J]. 文艺研究，2009（3）：116-118.

② 福柯. 词与物：人文科学考古学[M]. 莫伟民，译. 上海：上海三联书店，2002：6.

③ 耿幼壮. 语言与视觉建构——以罗兰·巴尔特的"词与物"为例[J]. 文艺研究，2009（3）：122-123.

④ Krzysztof Pomian. Collectors and Curiosities: Paris and Venice 1500—1800[M]. Cambridge: Polity Press, 1990: 77-78.

⑤ 车槿山. 福柯《词与物》中的"中国百科全书"[J]. 文艺理论研究，2012，32（1）：26.

⑥ 福柯. 词与物：人文科学考古学[M]. 莫伟民，译. 上海：上海三联书店，2002：6-7.

会。因此，某种意义上说，桑塔格美学研究是"相遇式"研究，也是制造"相遇"的研究。

三、权力效应

知识的传输以及阅读者和观众的接受存在抵冲关系，当有些知识被强力输出时，另一些就会被遗漏和疏忽，当人们记住其中一些特质时，另一些则被忘却和隐藏。因此，清单所展示的内容丰实但不可能完全，而清单的接受方也会在浏览和驻足的同时顾此失彼。只要清单出现，势必存在展示、表述和权力。清单是谁所著？清单的编制者存在多大的话语权力？清单面对什么样的接受者？清单无视了什么人？清单想要达到怎样的效果？这些问题的推出和回答，可以让人们更全面地理解清单的内容和意义。

打破"自身被知识—权力束缚的境遇"，在乱糟糟的材料中，寻找到旺盛的生机，实现"自我控制的伦理学""自我控制的美学"。[①]知识由自我主体选择，结构由自我主体塑造，话语由自我主体切入。

但打破"被束缚、被控制"的同时，现代人也在形成新的话语体系和权力主体。桑塔格在杂乱的材料里所引荐、阐释的片段都成了名副其实的自我表述、自我演讲和权力—知识的控制，而无中心的言说也成了权力的策略游戏。因为组织者、表述者不再是直接的文本，而是推出清单、目录的媒介者和批评家。此时，被联结、被带入的文本也许保留了原本的百分之八十、百分之九十，但决然不可能是百分之百，它变成了桑塔格式的声音和解读。

詹姆斯·库诺（James Cuno）在《博物馆很重要——百科全书式博物馆之颂》（*Museums Matter—In Praise of the Encyclopedic*

①　周远全. 从"知识考古"到"美学解救"：论现代"人"的福柯式解构[J]. 北京理工大学学报（社会科学版），2008，10（3）：39-40.

Museum）一书里提到福柯所言及的权力效应，"博物馆具有强大的权力，可以控制到博物馆参观的游客接受国家宣传和西方中心主义的观点"。①桑塔格的图书馆计划、清单名录与国家博物馆的区别是，前者打造的博物馆是词语和观念的博物馆，而后者则是物的展览，但二者在权力本质上是相通的，都是通过选取、链接和传播获得知识输出和权力下达。阅读者和游客在接受知识下达的过程中，接受知识链接、漂移和整合，在初识这一传播强力时，他们会为蔚为大观的知识长廊和视觉图景所震撼，但一旦他们正视到权力问题时，求证、补阙和重置则成为必然的结果。

展览和清单中的政治功能有显隐之分，但不会缺席。正如大英博物馆（又称不列颠博物馆）代表着扩张时期"日不落帝国"的辉煌和殖民阶层的政治得意，复国主义博物馆则代表了基于民族尊荣感和自信心之下的复国主义理念。吴琼认为"对展览叙事可能附加出来的意识形态，应当保持适当的距离，应当尽可能以陌生化的离间技术来暴露意识形态本身的盲点或内爆点，让权力配置从凝固和封闭变得流动和开放"。②

桑塔格在埋怨自己被很多人滥用为"美学目录"的同时，也创建出不及备载的智识清单，而在与媒体的合作的过程中，又进一步维护和巩固了这一知识目录的形象。从 20 世纪 50 年代末到 21 世纪初，桑塔格通过创作、批评和社会活动成就了"智识指南""私人博物馆"的学术显名。正如其在《土星的标志下》一文中借用本雅明的话所言，"一本书就是一种策略"③，桑塔格则以混杂而丰富的智识清单和创作大大推行了这一"策略"。

---

① James Cuno. Museums Matter: In Praise of the Encyclopedic Museum[M]. Chicago: University of Chicago Press, 2011: 3.

② 吴琼. 博物馆中的词与物[J]. 文艺研究，2013（10）：110.

③ 苏珊·桑塔格. 在土星的标志下[M]. 姚君伟，译. 上海：上海译文出版社，2006：122.

后记：苏珊·桑塔格研究综述

　　苏珊·桑塔格是美国当代最著名的小说家和评论家之一，被称为"美国公众的良心"，与波伏娃、汉娜·阿伦特并称为西方当代重要的女知识分子。她一生的创作十分丰富，涉及各个领域，如文学批评、小说创作以及影视创作等，为世界留下了丰富的文化遗产。国内关于桑塔格的研究始于 20 世纪 80 年代，距今已有 30 多年的发展历史。20 世纪 80 年代到 2000 年这一时期，国内的桑塔格研究发展缓慢，基本处于一个初步介绍的阶段，据不完全统计，知网上这一时期的研究论文仅有 5 篇，其余研究散见于对美国文化或后现代主义思想介绍的一些著作中。这一时期的作品译本也仅有王予霞翻译的《我等之辈》以及艾红华和毛建雄翻译的《论摄影》等寥寥几篇著作。进入 21 世纪之后，2002 年桑塔格首部长篇小说《在美国》的翻译与出版，2003 年，上海译文出版社"苏珊·桑塔格文集"出版计划的启动，以及 2004 年苏珊·桑塔格逝世，这一系列事件将国内的桑塔格研究推向了高潮。自 2000 年至 2020 年，中国知网上与桑塔格相关的文章约计 360 余篇，博士论文 15 篇，硕士论文 75 篇，研究专著 7 部，学术译著 5 部。不仅在数量上有所突破，在研究领域上也更加全面，大体可分为三个研究方向：一是对桑塔格批评理论的探讨与分析；二是对其具体文学创作的研究；三是关于其生平的研究。

一、桑塔格批评理论研究

从中国知网的数据来看，国内对于桑塔格批评理论的关注起步早、涉及方面广、持续时间久，自 20 世纪 80 年代起从未间断，主要分为文学批评研究和文化批评研究两个方面。在文学批评方面，研究者们对于桑塔格文学批评思想中的反对阐释、形式风格论等方面的讨论十分火热。在文化批评方面，也有许多学者关注桑塔格思想中的女性主义、政治立场以及坎普文化等。

（一）美学思想研究

"反对阐释"作为桑塔格文学批评思想的核心一直受到国内学者的重点关注。早在 2004 年，王秋海的博士论文就系统化地从源头、基本观念、与现代派的联系以及在小说创作中的体现论述了以"反对阐释"为代表的桑塔格的批评理论。他认为"桑塔格的'反对阐释'的美学理念已不单单是一个形式的问题，而是如何在后工业和消费社会的当下使艺术再生及其为其定位和分配功能的问题"。[①]后来的研究对"反对阐释"的具体内容进行了一系列深化。徐文培、吴昊的《苏珊·桑塔格反对阐释理论的体系架构及梦幻载体的实践》（2008）从美学和哲学角度研究反对阐释的理论基础以及这一理论在桑塔格文学作品中的实践，用存在主义的思想来剖析桑塔格运用梦幻作为理论实践载体的原因、途径以及达到的效果，以此把握了美国后现代主义文艺思潮的发展动向。在对"反对阐释"的研究中不免产生了一些误读，有一些学者坚持认为"反对阐释"是一种极致的唯美主义追求，完全排斥批评对内容的介入和干预。王建成的《传统批评观的颠覆——论苏珊·桑塔格"反对阐释"的精神实质》（2010）从"反对阐释"对道德说

---

① 王秋海. 反对阐释——桑塔格形式主义诗学研究[D]. 北京：首都师范大学，2004：116.

教、心理分析、"模仿论"以及理性至上这四方面的颠覆来挖掘其精神实质，认为其实质是对传统批评观的颠覆，"反对的是文艺批评中的等级观念、二元对立的思维模式，反对的是资本主义官僚意识形态"[①]，而不是杜绝一切阐释。最新的研究如雷登辉的《论苏珊·桑塔格"反对阐释"的伦理关怀与话语实践》（2018），透过哲学与文学研究伦理学转向的历史背景，观照苏珊·桑塔格的理论与创作实践，重新探索"反对阐释"的理论内涵，认为"反对阐释"并非拒绝任何意义上的阐释，而是用"新感受力"来批判庸俗与僵化的道德批评，因此体现了深刻的人本主义和伦理关怀。这两篇都是通过分析"反对阐释"的本质意图纠正这些误读。

桑塔格提出"反对阐释"的观点意在让人们重新发现形式对于文学作品的重要性，后来她又在《论风格》一章中详细探讨了形式与内容的关系。这方面的论述也一直受到研究者的关注。陈文钢的《形式论再批判：苏珊·桑塔格的风格论》（2008）探讨了桑塔格的风格论，认为桑塔格使用"风格"代替形式，改变了传统批评中"形式"与"内容"的对立，实现了对传统批评的整体超越。闫金红的《论苏珊·桑塔格的"风格说"》（2016）从比较文学角度出发，梳理了中国文论与西方文论的特征，认为国内外现代文论的发展要从桑塔格"风格说"中获得启发，培养一种新的对文学艺术的感受力。

"新感受力"是桑塔格在科学技术高度发展的时代下，对文学艺术与科学文化关系的一种探索。国内研究者对"新感受力"研究一方面是探讨这一理论本身的意义，如黄文达的《"新感受力"的当下意义》（2005）较早专门针对这一概念进行了阐述，详细介绍了桑塔格"新感受力"提出的背景与这一概念在当代社会的意

---

① 王建成. 传统批评观的颠覆——论苏珊·桑塔格"反对阐释"的精神实质[J]. 山东师范大学学报（人文社会科学版），2010，55（1）：83.

义，认为苏珊·桑塔格的新感受力概念是对后现代艺术现象的应对策略。"所谓'新感受力'之'新'，是针对传统的对内容阐释的旧感受力而言，是回应文化新现象而言，更重要的是，它肯定了人对世界把握的多元性，强调了感性在认识论中的地位和价值。"①陈文钢的《论新感受力》（2012）从艺术功能的转换、新媒介与新材料以及意识形态之批评这三方面对这一概念进行了深入探讨，认为"'新感受力'是一种怀疑智慧，针对的是建立在精心编制的神话、人云亦云的陈词滥调基础上的世界价值和意义……这种智慧是对所谓象征秩序的背道而驰和对无意识自动状态的一种美学扭转和自我拯救"②。另一方面的研究以"新感受力"为分析理论探讨具体问题，如刘涛、刘丹凌的《从新感受力美学看电影音乐的功能》（2008）从新感受力美学的角度分析了电影音乐在感性叙事、极致抒情和风格化等方面的功能。除了这两方面之外，许多硕、博士论文以"新感受力"为中心研究桑塔格的美学思想，诸如山东师范大学王悦的硕士论文《论苏珊桑塔格的"新感受力"》（2007），通过探讨"新感受力"的内涵、实现策略、倡导与实践，社会背景和理论渊源以及对其评价，将"坎普""反对阐释"以及"艺术色情学"等理念放入这一框架中，认为这一观念有矫枉过正之嫌，要以发展的眼光去看待。暨南大学肖敏仪的硕士论文《论苏珊·桑塔格的新感受力》（2007）也以"新感受力"为中心系统研究了桑塔格的美学思想。另外，浙江大学周静的博士论文《新感受力四重奏——苏珊·桑塔格审美批评研究》（2011）中提出"新感受力蕴含着后现代审美理论的诸种基本判断，这些基本判断体现在苏珊·桑塔格的审美批评中，表现为'反对阐释''坎普式的新感受力''静默的美学'及'影像中的当代

---

① 黄文达."新感受力"的当下意义[J]. 学术月刊, 2005（9）: 67.
② 陈文钢. 论新感受力[J]. 湖南城市学院学报, 2012, 33（3）: 64-65.

艺术与技术的关系'等四个各有侧重又相互承接的论题"①，指出了桑塔格美学思想乃至整个后现代主义中的诸多有待讨论的问题。

国内对于桑塔格美学思想中的"沉寂美学""艺术色情学"等方面的研究相对较少。刘丹凌的《沉寂美学与"绝对性"神话的破解——浅析苏珊·桑塔格的〈沉寂美学〉》（2010）中，认为"沉寂美学"作为桑塔格美学思想的重要组成部分并没有得到足够的重视。刘丹凌从中国与西方两个层面"沉寂"一词进行了溯源，指出伊哈布·哈桑的"沉默的文学"与桑塔格的"沉寂美学"具有内在相通性，但具体指向不同，分析了"沉寂"产生的原因和它的3种背离关系，认为"沉寂虽然是对艺术语言的一种扩充、更新，是拓展艺术体验的一种美学手段和方式，但是它并非拯救所有艺术百试不爽的灵药，某些时候它指向的不是艺术的超越，而是虚无、颓废、荒诞、无聊，从而离艺术越来越远"②。张莉的《现代艺术神话中的灵知二元论——桑塔格〈沉寂美学〉之解读》（2015）认为桑塔格的基本思想结构是灵知二元论，这是破解沉寂美学思想的核心。初步观照了"《沉寂美学》中所探讨的现代艺术神话的基本思想结构，解读其内在的灵性、自我解魅的历程和最终的走向沉寂。"③对于这一概念的研究国内还处于起步阶段，同样的还有对于"艺术色情学"的研究。桑塔格在《反对阐释》中指出要用"艺术色情学"代替"艺术阐释学"，但并未对此做出过多解释，研究者对于这一概念的研究也就相对较少，具有

---

① 周静. 新感受力四重奏——苏珊·桑塔格审美批评研究[D]. 杭州：浙江大学，2011：内容提要.

② 刘丹凌. 沉寂美学与"绝对性"神话的破解——浅析苏珊·桑塔格的《沉寂美学》[J]. 当代外国文学，2010，31（4）：158.

③ 张莉. 现代艺术神话中的灵知二元论——桑塔格《沉寂美学》之解读[J]. 湖北社会科学，2015（12）：111.

代表性的是陈文钢的研究。他在《"身体—主体"的招魂——论苏珊·桑塔格的"艺术色情学"》（2009）中从心灵与身体的辩证、对"色情"的理解以及理论主义的缺陷这三方面入手理解"艺术色情学"概念，客观探讨这一概念的内核对于理论之上现象的启发。

除了对苏珊·桑塔格美学思想中几个重要侧面的观照，国内研究也不乏对桑塔格美学思想的整体性研究。廖晋芳、李明彦的《论苏珊·桑塔格美学思想中的唯美主义》（2016）指出桑塔格的美学思想与唯美主义的联系，但对唯美主义进行了发展，将其从艺术领域扩张到现实世界，准确地把握了桑塔格美学思想的起源与内容，发掘了桑塔格美学思想的现实意义。丰俊超和郑伟的《苏珊·桑塔格的美学思想研究》（2017）认为桑塔格不断修正自己的美学思想，将这一思想贯穿于自己的作品创作中。因此，她的美学观是生长和流动的，认为她的美学思想"从审美激进逐渐转向政治激进，从现代主义审美再到与历史维度的审美观结合"①。发现了她美学思想中对权力的解构，发现她的人文关怀与正义观。另外，唐蕾的《桑塔格美学理念中"拒绝"艺术之阐释》（2018）以"拒绝"概念为核心分析桑塔格的美学思想，"拒绝表面上是抵制、不认同和逃避的姿态，但从深层面看，它是通过冷静地反思保持个体的独立性和自主性，使得认知始终保持清醒和平和的状态"②。桑塔格整体美学思想的研究是国内硕、博论文选题的热点，如2010年武汉大学袁晓玲的博士论文《桑塔格美学思想研究》（2010）从小说、文论、影像视觉艺术这三方面对桑塔格的美学思

---

① 丰俊超，郑伟. 苏珊·桑塔格的美学思想研究[J]. 哈尔滨学院学报，2017，38（9）：84.

② 唐蕾. 桑塔格美学理念中"拒绝"艺术之阐释[J]. 南昌大学学报（人文社会科学版），2018，49（5）：128.

想进行了重构，认为桑塔格美学思想的特点是"重形式、轻内容、重感性、提倡新感觉力"[①]。同年，山东师范大学王建成的博士论文《桑塔格文艺思想研究》（2010）则是通过选取几个重要概念如"反对阐释""新感受力"等研究桑塔格的美学思想，阐释了桑塔格的文艺思想中的内部矛盾问题，以及其独有的人道主义与终极关怀，对于当代资本主义的批评，对于我国转型期的经济文化建设，"对于中西文化交流及知识分子人格建构，都具有重要的提示意义"[②]。除了这两篇之外，还有许多硕士论文选取一个侧面作为切入点对桑塔格美学思想进行整体研究，对于桑塔格美学思想在国内传播的系统化、清晰化具有重要意义。

（二）文化批评研究

桑塔格的美学思想由于其极强的反叛性、新颖性以及与中国传统审美的内在契合性，受到中国学者的青睐。相对而言，桑塔格的文化批评在国内的关注度较低，但有许多具有代表性的研究。"坎普"一词在桑塔格的文章《关于"坎普"的札记》中被提出，是指对非自然之物的热爱：对技巧和夸张的热爱。而且"坎普"是小圈子里的东西——是某种拥有自己的秘密代码甚至身份标识的东西，最早的研究是王秋海的《"矫饰"与前卫——解读苏珊·桑塔格的〈"矫饰"笔记〉》（2004）从美学内涵以及前卫和大众文化的关系介绍了桑塔格的"矫饰"美学，桑塔格认为"矫饰"美学是一种艺术的风格化，重视的是事物的形式。桑塔格将其作为现代性与流行文化之间的契合点，认为矫饰能够纯化审美体验，但要防止其对道德意义的消解。王予霞的《性幻想中的艺术书写——苏珊·桑塔格艺术理论评析》（2008）作者将 camp 译为"营地"，以这一理念为核心，探讨了桑塔格对艺术的情色呼唤以及对法西

① 袁晓玲. 桑塔格美学思想研究[D]. 武汉：武汉大学，2010：中文摘要.
② 王建成. 桑塔格文艺思想研究[D]. 济南：山东师范大学，2010：185.

斯主义美学的迷恋，着眼于桑塔格对雌雄同体的倡导，创作实践
以及生活中对"三人组"的偏好，认为这些是为了"展现人类焦
虑而紧张的性妄想"，而"'营地'本身就是一种道德，当然决非
康德意义上的道德律令——对社会价值观念的维护，它不仅展现
了道德思考的形式，而且是那种丧失了'严肃'的特别的道德"①。
刘丹凌的《坎普美学：一种新感受力美学形态——解读桑塔格〈关
于"坎普"的札记〉》（2009）提出了"坎普"是强调"技巧"和
"风格"的"纯粹审美的感受力"，是对失败的严肃性的"感受力"，
是体验的戏剧化的"感受力"，是被平庸所胁迫的艺技表演，是知
识精英对大众文化浪潮的策略化反应。李霞的《坎普与现代主义
及后现代主义》（2010），揭示了"坎普"与现代主义、后现代主
义之间复杂的关系，认为其与二者都有相通之处。除了对"坎普"
这一概念实质的探究，还有一些文章运用这一概念来具体分析桑
塔格的作品，如谭静的《〈染血之室〉中的坎普特质——从美学范
畴体系的角度解读安吉拉·卡特的代表作〈染血之室〉》（2015）
认为女主人公及其母亲的形象都是"坎普"的代表。对于"坎普"
的深入化、系统化研究多出现于硕、博士论文中，如山东大学崔
劼的硕士论文《苏珊·桑塔格的坎普观研究》（2018）等。

在文化多元发展的时代，桑塔格的影像艺术观也受到了研究
者的关注，具有代表性的有柯英的研究《"严肃艺术的一个新来
者"：苏珊·桑塔格论电影》（2015），指出桑塔格对电影的论述可
被分为三个方面：一是电影是一门包罗万象的艺术形式；二是对
反思性电影的推崇；三是自身的反思。柯英认为桑塔格对形式美
的关注能为她自己赢得反思的空间，而这种不断的反思背后体现
了一颗时刻关注当下的"知识分子的良心"。崇秀全的《摄影的意

---

① 王予霞. 性幻想中的艺术书写——苏珊·桑塔格艺术理论评析[J]. 福建师范大学
学报（哲学社会科学版），2008（6）：97.

义——论苏珊·桑塔格摄影思想》（2007）关注桑塔格的摄影思想研究，从摄影与艺术、摄影的意义、摄影与战争等方面扼要梳理出桑塔格丰富摄影思想三个分支，认为桑塔格"站在社会批判的立场上用历史的眼光看待摄影与绘画之间的相互作用，既解放了绘画，也发展了摄影，从而开启解读摄影与绘画关系新的可能"[①]。蒋秀云的《苏珊·桑塔格论"迷影"理论》（2017）着眼于桑塔格对"迷影"理论的论述，指出桑塔格认为"迷影"理论消逝造成电影衰败的原因是新媒体、新技术的发展以及对电影黄金时代的怀旧，还指出了桑塔格提出了新迷影理论。李霞的《桑塔格的"摄影——文学"关系论》（2017）指出桑塔格认为摄影与文学都想呈现现实，但方式和风格有所不同。摄影是沉默被动地反应，文学是积极主动地阐释；摄影的特色是"无特性"，文学的特色是"风格化"。但二者可以以"图像"思维相互转化与融合。张艺《根系于一地的公共情感的再现与认知——从洛特曼电影符号学视角走进桑塔格导演电影〈应许之地〉》（2017）着眼于桑塔格的导演身份，认为桑塔格的纪录片《应许之地》（Promised Lands）体现出对洛特曼电影符号学理论的继承和发展，形成了她独特的"情感符号学"世界。在硕、博论文方面，河北大学王家千的硕士论文《苏珊·桑塔格摄影批评研究》（2017）将桑塔格的摄影批评归纳为观看方式、美学向度和伦理维度这三个理论基点。海南大学张芮的硕士论文《图像视阈中的感觉美学》（2015）结合桑塔格、吉尔·德勒兹和约翰·伯格的观点讨论图像视域中的感受美学。山东师范大学孙莉欣的硕士论文《苏珊·桑塔格的影像艺术理论研究》（2014），一方面力图充实影像艺术的内涵；另一方面，从桑塔格的富有"道德感受力"的影像艺术理论入手，拓展了对其研

---

① 崇秀全. 摄影的意义——论苏珊·桑塔格摄影思想[J]. 文艺争鸣，2007（10）：172.

究的视角。桑塔格的影像艺术观研究的发展拓宽了学界对桑塔格研究的视角，与现代影像艺术高度发展的现状形成了契合。

桑塔格文化批评中的疾病叙事、女性主义和政治方面也受到了研究者的关注。李岩、王纯菲的《新左翼女性美学视域下的审美政治化与父权意识暗合的批判——阐释桑塔格〈迷惑人的法西斯主义〉》（2018）认为桑塔格的著作《迷惑人的法西斯主义》不仅仅是一种政治性的批判，也不是单纯地批判法西斯强权的美学，而是从"女性主义"角度出发，批判法西斯审美政治化中的父权意识，以此表达"新左翼女性主义"美学思想。这一观点为研究作为"女性主义"者的桑塔格提供了新的方向。张艺的《后经典叙事学的疾病叙事学转向——以苏珊·桑塔格疾病叙事研究为例》（2017），以苏珊·桑塔格疾病叙事为例的疾病叙事研究来统合生态社会学、生命政治学、宗教精神修炼等诸多新兴学科的学理脉络，为大生命视域文化及文学的研究范式创新提供哲学基础和理论依据，激活叙事界面上潜在的后现代生命意识，开拓大生命视域的外国文学研究方向。作为"新左翼"文学批评家，桑塔格的政治评论也一直被研究者热议。马红旗的《关注社会议题的激进主义者苏珊·桑塔格——兼评短篇小说〈我们现在的生活〉》（2006），认为桑塔格对古巴与越南等政治问题的关注与评论呼应了"新左派"的思想，体现了她的人文关怀思想和正义观。作者在文中反驳了一些认为桑塔格政治立场矛盾的观点，认为这正是其政治理想的体现。文章还以桑塔格的小说《我们现在的生活》为例评述了桑塔格关于疾病的观点，再次表现了桑塔格的人文关怀。桑塔格的批评家身份是其最为知名也最受关注的身份，因而国内对其批评理论的研究一直处于蓬勃发展的状态，研究内容既有广度也有深度，是国内学界对桑塔格研究中成果较为丰富的一个方面。

二、桑塔格文学创作研究

相对于文学批评家的身份，桑塔格本人更愿意被称为作家。但国内外的研究更多集中于她的评论文章，对于小说创作的研究较少。但与国外的研究状况相比，国内对于桑塔格小说与批评理论的研究几乎是同时起步的，且有许多研究者认为桑塔格的小说成就更高。1998 年王予霞的《"反对释义"的理论与实践——桑塔格和她的〈我等之辈〉》，研究了桑塔格的批评理论与其小说之间的互文，认为相比桑塔格的文学创作，她的理论思想总体成就欠缺。国内对于其小说的研究大致可分为形式研究、主题研究两个方面。

（一）形式研究

国内研究者对于桑塔格小说形式的探讨多集中于她的批评理论与小说创作的互文。姚君伟的《苏珊·桑塔格及其小说〈恩人〉》（2004）文章介绍了她的小说《恩人》，论述了桑塔格小说中对其理论的实践，文章对桑塔格的理论与创作都有较好的把握，在对作品的阐释过程中也实践了桑塔格的理论，具有开拓性与创新性。曾阳萍、杜志卿的《论桑塔格〈恩主〉中的不可靠叙述》（2018）从修辞叙事学角度出发，认为《恩主》并不仅仅表现了"反对阐释"的诉求，还是一种对形式极端的暗讽。

也有研究者认为桑塔格将其批评理论运用到写作中的做法是不成功的。如陈文钢的《小说的冒险与小说术的迷幻：论苏珊·桑塔格的〈恩主〉》（2008），认为《恩主》的写作是桑塔格批评理论的实践，但这一实践并不成功，反映了她在实践中对理论把握的难度，对形式理解的偏差。同样是对《恩主》与批评理论互文性研究，张艺的《本文内容的符号互文：〈恩主〉艺术中的符号与〈反对阐释〉》（2011）选择了从梦境入手，认为桑塔格对"本文"符号空间的建构，就是其美学诉求与文学理想的体现。张莉的《"沉默"的述说：〈我们现在的生活方式〉的叙事艺术》（2012），指出桑塔格的短篇小说《我们现在的生活方式》运用了多种叙述手法来让小说与读者之间达到了一种距离感，而这种距离感正是桑塔格"沉默美学"的体现。

也有许多研究者跳出桑塔格批评理论与作品的互文，以一些现代或后现代理论来解读她的小说创作。其中以叙事学理论解读桑塔格的小说形式是此类研究的一个热门。如顾明生的专著《苏珊·桑塔格短篇小说空间形式研究》（2018）借助著名理论家弗兰克、米歇尔和佐伦的空间形式理论框架以及经典叙事学、电影叙事学的部分术语，从地质空间、时空体空间和意识形态表征空间三个层面分析桑塔格短篇小说的叙事艺术、空间形式及其主题思想，探讨她短篇小说的创作手法、美学价值和文化内涵。再比如年丽丽、尹金芳的《话语权的思考与诉求——叙事伦理视阈下的〈在美国〉》（2018）通过分析其叙事视角、书信日记等形式的运用揭示其内容背后玛琳娜的反抗，体现了桑塔格运用特殊的形式重塑历史故事的过程，展现了女性对于男权话语的反抗以及少数族裔对于美国主流话语的反抗，在无形中消解权威，论述了桑塔格高超的叙事技巧和对社会现实的关注与思考。顾明生的《论〈我们现在的生活方式〉的艾滋病创伤叙事》（2016），着眼于小说中的艾滋病创伤书写，从缺席的叙述者、限制视角、证词式叙述、并置的时空体空间入手，系统化地论述了小说中的艾滋病创伤叙事，认为"作者利用缺席的叙述者、证词式叙述、并置的时空体空间等实现了对传统叙事规约的突破，从创作实践的角度部分修正和完善了经典叙事学和空间形式理论的谬误和空白之处，形成了独树一帜的链条式空间形式……它不但是小说形式结构的最好表征，而且是桑塔格对安度艾滋病创伤的最大期盼——在生命之链的基础上构建充满温暖和力量的救赎之链"①。此外，也有学者从符号学角度分析桑塔格作品，如张艺的《〈恩主〉中梦境的符号学研究》(2012)用尤里·洛特曼的文艺符号学理论分析桑塔格小说《恩主》中的梦境。

（二）主题研究

桑塔格的小说中的主题思想也是国内桑塔格研究的重要方面。国内的研究对桑塔格小说主题的探讨主要在于她小说中对美国现实的反映、对美国精神的探讨、对艺术功能的反映、女性主义主题以及存在主义等几个方面。研究桑塔格小说中反映美国现实与美国精神的文章较多，如李小均《漂泊的心灵 失落的个人——评苏珊·桑塔格的小说〈在美国〉》(2003)从后殖民主义批评的身份政治理论解读这部小说，认为桑塔格"真正意图不只是在于向读者展示一个流亡的波兰民族主义者向美国式的个人主义者的转型，以及在转型期间经受的灵魂煎熬之痛，更为值得玩味的是她对'流离失所'之人在转向过程中利用种种措施获取'名分'的态度"②。以此表明她对流亡者的关注与忧思。姚君伟的《从自由观念到美国批判：论苏珊·桑塔格的〈美国魂〉》(2018)在论述中层层递进，认为桑塔格的这篇短篇小说不仅表现了女主人公对于自由的追求，还体现了这种追求是受到美国精神的促使，这种美国精神的混乱矛盾导致了女主人公的悲剧。作者认为桑塔格还刻意运用了形式上的技巧与内容相结合，由此批判美国核心价值。而廖七一的《历史的重构与艺术的乌托邦——〈在美国〉主题探微》(2003)则认为《在美国》这部小说不但探索了文化冲

---

① 顾明生. 论《我们现在的生活方式》的艾滋病创伤叙事[J]. 国外文学，2016 (2)：105.

② 李小均. 漂泊的心灵 失落的个人——评苏珊·桑塔格的小说《在美国》[J]. 四川外语学院学报，2003 (4)：74.

突中自我放逐与自我重塑的历程，更揭示了艺术的功能与本质。在女性主义主题方面，辽宁大学武晨的硕士论文的《〈在美国〉中女性主体意识的后现代女性主义解读》（2015）、山东师范大学刘英的《探寻自我实现之路》（2010）、浙江大学的徐越《追寻理想的自我——对〈在美国〉中苏珊·桑塔格的自我观研究》（2007），这几篇论文都围绕小说中的女性主义主题进行了探讨。存在主义方面则以柯英的《存在主义视阈中的苏珊·桑塔格创作研究》（2013）为代表。除了上述几个重要方面，国内逐渐开始重视桑塔格的小说研究，不仅出现了许多新的研究视角，而且还有一些针对其小说的系统化研究。如张莉的《异托邦空间：〈在美国〉中的乌托邦与美国梦》（2016）探讨了桑塔格小说中的乌托邦理想，再比如顾明生的《作为文本的城市：纽约与苏珊·桑塔格》（2018）探讨了她的小说创作中关于纽约的文学想象。在系统化研究方面，郝桂莲的专著《反思的文学：苏珊·桑塔格小说艺术研究》（2013）着重考察桑塔格的长篇小说创作，同时结合她本人在不同时期对文学问题、美学问题及众多艺术家的评论，试图发现她对小说基本要素在理论方面的论说和在创作实践之间的统一。

三、桑塔格生平研究

生平研究是早期国内桑塔格研究不被重视的领域。随着一系列桑塔格传记的翻译，这一情况得到了改善。韦勒克认为："首先，传记可以有助于揭示诗歌实际产生的过程。其次，我们还可以从对一个天才的研究，即研究他的道德、他的智慧和感情的发展过程这些具有内在价值的东西来为传记辩护，并肯定它的作用。最后，传记为系统地研究诗人的心理和诗的创作提供了材料。"[①]国

---

① 韦勒克，沃伦. 文学理论[M]. 刘象愚，译. 南京：江苏教育出版社，2005：75.

内对于桑塔格的生平研究主要以译著、期刊论文以及硕博论文这几种方式呈现。但由于处于起步阶段，因而研究维度并不丰富，数量也不够多。2009 年，姚君伟翻译了桑塔格首部传记《铸就偶像——苏珊·桑塔格传》，这部传记的作者是美国著名传记作家卡尔·罗利森，该传记还原了桑塔格作为一个普通人的成长轨迹，描述了其成长过程中成为天才的迹象，梳理了其创作以及思想的转变，探讨了其性向；更重要的是该传记揭露了桑塔格是如何打造自己，一步步成为一代文化偶像的。这一传记的翻译让国内研究者对于桑塔格的印象不再是只看到其大量著作后一个模糊的文化形象，而是见证了一个普通人如何跳出了平凡的生活，对研究者发掘其作品的不同侧面大有裨益。2011 年，苏珊·桑塔格之子戴维·里夫的《死海搏击——母亲桑塔格最后的岁月》由姚君伟翻译出版，这部著作细致地回忆了桑塔格与死亡抗争的最后岁月，对研究桑塔格的疾病叙事至关重要。2012 年，阿垚翻译了西格里德·努涅斯的回忆录《永远的苏珊》，这部作品以自己对桑塔格的接触为时间线来记录，更多描述了桑塔格母子关系等生活的侧面，探讨其生活问题背后的心理原因，利于我们理解桑塔格虚构作品中的一些情感基调。2015 年由姚君伟翻译，利兰·波格撰写的《苏珊·桑塔格谈话录》出版，该书真实记录了桑塔格和访问者的谈话记录（计 24 篇），同时它们也是桑塔格谈诗论艺的重要文献，字里行间不时流露出隐藏在她作品背后的创作动机及其在美学、道德、价值层面上的追求。2018 年，张昌宏翻译的杰罗姆·博伊德·蒙塞尔版《苏珊·桑塔格传》出版，该书客观精准地再现了桑塔格的爱情、婚姻、为人母与写作生涯中的各个方面。郭逸豪翻译的丹尼尔·施赖伯的著作《苏珊·桑塔格精神与魅力》于 2018 年出版。作者在该书中描绘了这位迷人女作家充满矛盾和冲突的一生，探讨了桑塔格在影响美国民众文化和政治中所扮演的角色，从这位精神偶像的人生历程中反观当时动荡的美国社会发生的文化变革，有助于我们了解桑塔格的社会思想。书中还集纳了与诺贝尔文学奖得主纳丁·戈迪默和桑塔格儿子大卫·里夫的访谈，以及桑塔格与她的发行商罗杰·斯特劳斯的信件，具有较高的价值。另外，桑塔格的日记《重生——桑塔格日记与笔记（1947—1963）》2010 年由郭宝莲翻译出版，2018 年由姚君伟翻译再版，再现了桑塔格的生活、感情以及创作等各个方面，对于研究者了解桑塔格的精神生活来说必不可少。此外，如本杰明·莫泽的《苏珊注解》等其他传记研究尚未有译本。

在期刊论文方面也有一些对桑塔格生平经历的实证研究。王秋海的《桑塔格："激进"语境下的美国实验派作家》（2005）是国内较早研究桑塔格生平的论文。文章介绍了桑塔格的几部重要作品。重点梳理了其生平经历，认为其在摄影、科幻小说或色情文学方面都有一席之地，文章让早期的研究者对桑塔格的生活与创作轨迹有了一个清晰的了解。周树山的《苏珊·桑塔格的启示》（2007）提到桑塔格作为知识分子却积极参与社会活动，明确表明自己的立场，认为这是值得中国知识分子学习的。姚君伟的《桑塔格最后的日子：儿子的回忆——大卫·里夫〈在死亡之海搏击〉及其他》（2008）介绍了桑塔格独子撰写的回忆录，认为相对于其他传记来说，这部作品更具亲切感，文章还介绍了桑塔格病重时对生命的珍视。张艺的《追忆桑塔格在法国的逐梦年华——读爱丽斯·开普兰的〈用法语做梦〉》（2014），介绍了爱丽斯·开普兰教授撰写的《用法语做梦》，呈现出了桑塔格在法国的学习生活，以及她思想发展的历程，对了解桑塔格的学术思想与虚构作品至关重要。在硕、博论文方面，几乎没有专门研究桑塔格生平的文章，一般文章中都会开辟一章来介绍其生平以更好地了解其作品与思想，大多是一些基本的生平经历。这一方面总体来看国内研究滞后于国外，有待进一步发展，生平研究的发展可为其他方面的研究提供更多角度，促进国内桑塔格研究的多样化。

国内还有一些研究者对桑塔格进行了整体而系统的研究。王予霞的专著《苏珊·桑塔格纵论》（2003）以译者与研究者的双重身份对桑塔格进行了全面的评价，联系文化语境研究其批评理论、思想以及创作，开启国内桑塔格整体研究的先河。刘丹凌的专著《从新感受力美学到资本主义文化批判——苏珊·桑塔格思想研究》（2010）涵盖了桑塔格批评思想、小说创作与生平研究各个方面，尝试梳理其庞杂而独特的思想，是一个重要的努力。朱红梅的《苏珊·桑塔格：徘徊在唯美与道德之间》（2018）梳理了桑塔格从 20 世纪 60 年代到她去世后所出版的著作，审视了她的文艺思想和创作方法从激进回归现实所发生的流变，分析她的文艺批评在形式与内容、唯美与道德等关系方面所做的思考与变化，勾勒出她的小说创作的思想轨迹，是国内桑塔格整体研究的最新尝试。

结　语

后记从批评理论研究、文学创作研究以及生平研究这三方面梳理了国内目前对于桑塔格的研究。总的来说，国内的桑塔格研究主要侧重于对其批评理论的探讨，其中桑塔格的美学思想更是研究者们关注的焦点。随着桑塔格小说的大量出版，对其小说的形式与主题研究也在不断发展。对比而言，对桑塔格的生平研究关注较少，在某些方面存在一些重复性。但不可否认的是国内的桑塔格研究依然在不断发展，一些整体研究更是为国内的研究者提供了清晰可靠的脉络。一些较为新颖的研究方向也在不断涌现，如对桑塔格的比较文学研究角度等，试图探究桑塔格与他国文学的内在契合。随着时代的发展，桑塔格势必会因其各自独立而互有联系的理论、创作与思想，引起国内研究者的不断探索。

参考文献

1. 艾柯. 无限的清单[M]. 彭淮栋, 译. 北京: 中央编译出版社, 2013.

2. 巴尔特. 写作的零度[M]. 李幼蒸, 译. 北京: 中国人民大学出版社, 2008.

3. 巴尔扎克. 驴皮记[M]. 郑永慧, 译. 南京: 译林出版社, 2003.

4. 巴特. S/Z[M]. 屠友祥, 译. 上海: 上海人民出版社, 2006.

5. 巴特. 神话修辞术: 批评与真实[M]. 屠友祥, 温晋仪, 译. 上海: 上海人民出版社, 2009.

6. 本雅明. 机械复制时代的艺术[M]. 李伟, 郭东, 编译. 重庆: 重庆出版社, 2006.

7. 毕飞宇. 小说课[M]. 北京: 人民文学出版社, 2016.

8. 波夫娃. 第二性[M]. 桑竹影, 南珊, 译. 长沙: 湖南文艺出版社, 1986.

9. 伯林等. 一个战时的审美主义者:《纽约书评》论文选[M]. 高宏, 译, 北京: 新世界出版社, 2004.

10. 薄伽丘, 布鲁尼. 但丁传[M]. 周施廷, 译. 桂林: 广西师范大学出版社, 2008.

11. 车槿山. 福柯《词与物》中的"中国百科全书"[J]. 文艺理

论研究，2012，32（1）：24-27+127.

12. 陈文钢．论新感受力[J]．湖南城市学院学报，2012，33（3）：62-65.

13. 陈星君．王尔德与坎普[J]．贵州社会科学，2014（9）：68-71.

14. 陈永兰．床上的爱丽斯对生命的思考[J]．重庆科技学院学报（社会科学版），2008（12）：119-120.

15. 崇秀全．摄影的意义——论苏珊·桑塔格摄影思想[J]．文艺争鸣，2007（10）：171-173.

16. 丹尼尔·施赖伯．苏珊·桑塔格：精神与魅力[M]．郭逸豪，译．北京：社会科学文献出版社，2018.

17. 狄金森．狄金森诗选[M]．蒲隆，译．上海：上海译文出版社，2010.

18. 丰俊超，郑伟．苏珊·桑塔格的美学思想研究[J]．哈尔滨学院学报，2017，38（9）：84-88.

19. 弗里德里希·席勒．审美教育书简[M]．冯至，范大灿，译．北京：北京大学出版社，1985.

20. 高兴．齐奥朗文学随想录[J]．外国文学动态，2003（3）：1.

21. 高兴．厌世者张开双臂——新近披露的齐奥朗的爱情故事[J]．外国文学动态，2002（4）：36-37.

22. 高中甫．论《亲合力》[J]．外国文学评论，1987（12）：98-103.

23. 耿幼壮．语言与视觉建构——以罗兰·巴尔特的"词与物"为例[J]．文艺研究，2009（3）：116-123.

24. 顾明生．论《我们现在的生活方式》的艾滋病创伤叙事[J]．国外文学，2016（2）：99-106+159.

25. 顾明生．文类的赋格曲——论《朝圣》文类复调结构的实践与争议[J]．解放军外国语学院学报，2013，36（2）：106-111+126+128.

26. 顾明生. 虚构的艺术——从《在美国》看苏珊·桑塔格叙事艺术中的糅合技巧[J]. 国外文学，2011，31（3）：119-126.

27. 韩模永. 从阐释到反对阐释——兼论超文本文学的阅读模式[J]. 广西社会科学，2015（5）：167-172.

28. 郝桂莲. "禅"释"反对阐释"[J]. 外国文学，2010（1）：76-82+158.

29. 郝桂莲. 反思的文学：苏珊·桑塔格小说艺术研究[M]. 北京：光明日报出版社，2013.

30. 黄燎宇. 60 年来中国的托马斯·曼研究[J]. 中国图书评论，2014（4）：103-111.

31. 黄燎宇. 情爱的形而上学——评瓦尔泽小说《恋爱中的男人》[M]. 思想者的语言. 北京：生活·读书·新知三联书店，2013：181.

32. 黄燎宇. 一部载入史册的疗养院小说：从《魔山》看历史书记官托马斯·曼[J]. 同济大学学报（社会科学版），2018，29（2）.

33. 黄文达. "新感受力"的当下意义[J]. 学术月刊，2005（9）：63-68.

34. 杰罗姆·博伊德·蒙塞尔. 苏珊·桑塔格传[M]. 张昌宏，译. 北京：中国摄影出版社，2018.

35. 柯英. 存在主义视阈中的苏珊·桑塔格创作研究[M]. 上海：上海交通大学出版社，2018.

36. 柯英. 死亡与救赎：《卡尔兄弟》中的静默美学[J]. 当代外国文学，2016，37（1）：29-35.

37. 柯英. 走近阿尔托：苏珊·桑塔格论"残酷戏剧"[J]. 四川戏剧，2015（1）：42-47.

38. 里夫. 死海搏击：母亲桑塔格最后的岁月[M]. 姚君伟，译. 上海：上海译文出版社，2011.

39. 李炜. 在哲学的边缘[J]. 陈青，译. 书城，2010（9）：91-97.

40. 李闻思. 关于坎普的再思考——从《关于坎普的札记》到坎普电影[J]. 文艺理论研究，2015，35（5）：137-145.

41. 李小均. 漂泊的心灵 失落的个人——评苏珊·桑塔格的小说《在美国》[J]. 四川外语学院学报，2003（4）：71-75.

42. 李遇春. 如何"强制"，怎样"阐释"？——重建我们时代的批评伦理[J]. 文艺争鸣，2015（2）：73-78.

43. 林超然. 桑塔格"反对阐释"理论的文化认同[J]. 文艺评论，2010（1）：18-23.

44. 刘丹凌. 沉寂美学与"绝对性"神话的破解——浅析苏珊·桑塔格的《沉寂美学》[J]. 当代外国文学，2010，31（4）：149-159.

45. 刘象愚. 外国文论简史[M]. 北京：北京大学出版社，2005.

46. 卢伟. 被启蒙的与被毁灭的——《在轮下》与《魔山》对位研究[J]. 湖北社会科学，2013（8）：131-133.

47. 罗兰·巴特. 从作品到文本[J]. 杨扬，译. 蒋瑞华，校. 文艺理论研究，1988（5）：86-89.

48. 罗兰·巴特. 显义与晦义[M]. 怀宇，译. 天津：百花文艺出版社，2005.

49. 罗利森，帕多克. 铸就偶像：苏珊·桑塔格传[M]. 姚君伟，译. 上海：上海译文出版社，2009.

50. 马欣.《论歌德的〈亲合力〉》与本雅明的"救赎批评"[J]. 上海文化，2016（8）：52-58+126.

51. 麦卡锡. 她们[M]. 叶红婷，译. 重庆：重庆出版社，2016.

52. 麦永雄. 光滑空间与块茎思维：德勒兹的数字媒介诗学[J]. 文艺研究，2007（1）：75-84+183-184.

53. 麦永雄. 后现代多维空间与文学间性：德勒兹后结构主义关

键概念与当代文论的建构[J]. 清华大学学报，2007（1）：37-46.

54. 曼. 浮士德博士. 罗炜，译.［M］. 上海：上海译文出版社，2016.

55. 曼. 歌德与托尔斯泰［M］. 朱雁冰，译. 杭州：浙江大学出版社，2013.

56. 曼. 魔山［M］. 杨武能，译. 北京：北京燕山出版社，2010.

57. 曼. 死于威尼斯［M］. 钱鸿嘉，等译. 上海：上海译文出版社，2010.

58. 毛姆. 月亮和六便士［M］. 傅惟慈，译. 上海：上海译文出版社，2011.

59. 毛亚斌. 作为文化技术的诊疗及其文学化——以《布登勃洛克一家》为例［J］. 外国语文，2019，35（2）：69.

60. 米歇尔·福柯. 词与物：人文科学考古学［M］. 莫伟民，译. 上海：上海三联书店，2002.

61. 默克罗比. 后现代主义与大众文化［M］. 田晓菲，译. 北京：中央编译出版社，2000.

62. 纳丁·戈迪默，苏珊·桑塔格. 关于作家的职责的对谈［J］. 姚君伟，译. 译林，2006（3）：200-203.

63. 尼科·爱泼斯坦. 解析苏珊·桑塔格《论摄影》［M］. 柯英，译. 上海：上海外语教育出版社，2019.

64. 努涅斯. 永远的苏珊［M］. 阿垚，译. 上海：上海译文出版社，2012.

65. 皮兰德娄. 六个寻找剧作家的角色［M］. 吴正仪，译. 上海：上海译文出版社，2011.

66. 钱理群. 周作人散文精编［M］. 杭州：浙江文艺出版社，1994.

67. 让-保罗·萨特. 存在主义是一种人道主义［M］. 周煦良，汤永宽，译. 上海：上海译文出版社，1988.

68. 桑塔格. 沉默的美学：苏珊·桑塔格论文选[M]. 黄梅，等译. 海口：南海出版公司，2006.

69. 桑塔格. 重生：桑塔格日记与笔记（1947—1963）[M]. 里夫，编，姚君伟，译. 上海：上海译文出版社，2013.

70. 桑塔格. 床上的爱丽斯[M]. 冯涛，译，上海：上海译文出版社，2007.

71. 桑塔格. 恩主[M]. 姚君伟，译，上海：上海译文出版社，2004.

72. 桑塔格. 反对阐释[M]. 程巍，译. 上海：上海译文出版社，2003.

73. 桑塔格. 关于他人的痛苦[M]. 黄灿然，译. 上海：上海译文出版社，2006.

74. 桑塔格. 火山恋人[M]. 李国林，伍一莎，译. 南京：译林出版社，2002.

75. 桑塔格. 疾病的隐喻[M]. 程巍，译. 上海：上海译文出版社，2003.

76. 桑塔格. 激进意志的样式[M]. 何宁，周丽华，王磊，译. 上海：上海译文出版社，2007.

77. 桑塔格. 论摄影[M]. 艾红华，毛建雄，译. 长沙：湖南美术出版社，2004.

78. 桑塔格. 死亡之匣[M]. 李建波，唐岫敏，译. 南京：译林出版社，2005.

79. 桑塔格. 苏珊·桑塔格谈话录[M]. 波格，编，姚君伟，译. 南京：译林出版社，2015.

80. 桑塔格. 同时：随笔与演说[M]. 黄灿然，译. 上海：上海译文出版社，2009.

81. 桑塔格. 心为身役：苏珊·桑塔格日记与笔记（1964—1980）[M]. 里夫，编，姚君伟，译. 上海：上海译文出版社，2015.

82. 桑塔格. 心问：桑塔格短篇小说集[M]. 徐天池，等译，上海：上海译文出版社，2014.

83. 桑塔格. 在美国[M]. 廖七一，李小均，译. 南京：译林出版社，2003.

84. 桑塔格. 在土星的标志下[M]. 姚君伟，译. 上海：上海译文出版社，2006.

85. 桑塔格. 重点所在[M]. 陶洁，黄灿然，等译. 上海：上海译文出版社，2004.

86. 桑塔格. 中国旅行计划：苏珊·桑塔格短篇小说选[M]. 申慧辉，等译. 海口：南海出版公司，2005.

87. 莎士比亚. 莎士比亚全集[M]. 朱生豪，等译. 增订本. 南京：译林出版社，1998.

88. 苏珊·桑塔格. 重新思考新的世界制度——苏珊·桑塔格访谈纪要[J]. 贝岭，杨小滨，胡亚非，译. 天涯，1998（5）：4-11.

89. 苏珊·桑塔格. 迷惑人的法西斯主义[J]. 赵炳权，译. 世界电影，1988（5）：235-255.

90. 唐慧丽. 意识的自由与现实的困境——析苏珊·桑塔格《床上的爱丽斯》的戏剧主题[J]. 邵阳学院学报（社会科学版），2015（2）：114-118.

91. 唐蕾. 桑塔格美学理念中"拒绝"艺术之阐释[J]. 南昌大学学报（人文社会科学版），2018，49（5）：122-129.

92. 托尔斯泰. 战争与和平[M]. 刘辽逸，译. 北京：人民文学出版社，2004.

93. 瓦特尔·本雅明. 发达资本主义时代的抒情诗人[M]. 王涌，

译．上海：华东师范大学出版社，2016.

94. 瓦特尔·本雅明等．上帝的眼睛：摄影的哲学[M]．吴琼，等编，北京：中国人民大学出版社，2005.

95. 王建成．传统批评观的颠覆——论苏珊·桑塔格"反对阐释"的精神实质[J]．山东师范大学学报（人文社会科学版），2010，55（1）：83-87.

96. 王建成．桑塔格文艺思想研究[D]．济南：山东师范大学，2010：185.

97. 王秋海．重构现实主义——解读桑塔格的《火山情人》[J]．外国文学，2005（1）：28-32.

98. 王秋海．反对阐释：桑塔格美学思想研究[M]．北京：中央编译出版社，2011.

99. 王秋海．反对阐释——桑塔格形式主义诗学研究[D]．北京：首都师范大学，2004.

100. 王予霞．苏珊·桑塔格纵论[M]．北京：民族出版社，2003.

101. 王予霞．性幻想中的艺术书写——苏珊·桑塔格艺术理论评析[J]．福建师范大学学报（哲学社会科学版），2008（6）：93-97+131.

102. 韦勒克，沃伦．文学理论[M]．刘象愚，译．南京：江苏教育出版社，2005.

103. 伍茂源．皮兰德娄《六个寻找剧作家的角色》的对立系统，四川戏剧[J]．2012（2）：36-39.

104. 吴琼．博物馆中的词与物[J]．文艺研究，2013（10）：99-111.

105. 萧沆．解体概要[M]．宋刚，译．杭州：浙江大学出版社，2010.

106. 徐文培，吴昊．苏珊·桑塔格反对阐释理论的体系架构及梦幻载体的实践[J]．外语学刊，2008（4）：135-139.

107. 亚当·扎加耶夫斯基. 另一种美[M]. 李以亮，译. 广州：花城出版社，2017.

108. 袁晓玲. 桑塔格美学思想研究[D]. 武汉：；武汉大学，2010.

109. 袁晓玲. 桑塔格思想研究：基于小说、文论与影像创作的美学批判[M]. 武汉：武汉大学出版社，2010.

110. 袁晓玲. 桑塔格小说的艺术审美价值及美学特征[J]. 探索与争鸣，2009（1）：125-128.

111. 张均. 张爱玲十五讲[M]. 修订本. 桂林：广西师范大学出版社，2022.

112. 张莉. "沉默的美学"视阈下的桑塔格小说创作研究[M]. 北京：外语教学与研究出版社，2016.

113. 张莉. 现代艺术神话中的灵知二元论——桑塔格《沉寂美学》之解读[J]. 湖北社会科学，2015（12）：111-116+137.

114. 张莉，任晓晋. "反对阐释"——《死亡之匣》中"梦幻"和"清单"的言说[J]. 当代外国文学，2016，37（1）：5-12.

115. 赵毅衡. 远游的诗神[M]. 成都：四川人民出版社，1985.

116. 周静. 新感受力四重奏——苏珊·桑塔格审美批评研究[D]. 杭州：浙江大学，2011.

117. 周远全. 从"知识考古"到"美学解救"：论现代"人"的福柯式解构[J]. 北京理工大学学报（社会科学版），2008，10（3）：35-40.

118. 宗白华. 美学散步（彩图）[M]. 上海：上海人民出版社，2015.

119. Amos Oz. How to Cure a Fanatic[M]. London: Vintage, 2012.

120. Bruce W. Ferguson, Reesa Greenberg, Sandy Nairne. Thinking About Exhibitions[M]. New York: Routledge, 1996.

121. James Cuno. Museums Matter: In Praise of the Encyclopedic

Museum[M]. Chicago: University of Chicago Press, 2011.

122. Kauffmann, Stanley. Interpreting Miss Sontag[J]. New Republic, 1967, 157 (10): 24-26.

123. Krzysztof Pomian. Collectors and Curiosities: Paris and Venice 1500-1800[M]. Cambridge: Polity Press, 1990.

124. Roland Barthes. The Responsibility of Forms: Critical Essays on Music, Art and Representation[M]. New York: Hill and Wang, 1985.

125. Sigrid Nunez. Sempre Susan: A Memoir of Susan Sontag[M]. Atlas. 2011.

126. Stephen J, Whitfield, Daniel Schreiber. Susan Sontag: A Biography[J]. Trans. David Dollenmayer. Society. 2015 (52): 195-197.

127. Susan Sontag. A Susan Sontag Rader[M]. New York: Farrar Straus& Giroux, 1982.

128. Susan Sontag. Against Interpretation and Other Essays[M]. New York: Farrar, Straus & Giroux, 1966.

129. Susan Sontag. Death Kit[M]. New York: Farrar, Straus & Giroux, 1967.

130. Susan Sontag. I, Etcetera[M]. New York: Farrar, Straus & Giroux, 1978.

131. Susan Sontag. Illness as Metaphor[M]. New York: Farrar, Straus & Giroux, 1978.

132. Susan Sontag. On Photography[M]. New York: Farrar, Straus & Giroux, 1977.

133. Susan Sontag. Some Thoughts on the Right Way (for us) to Love the Cuban Revolution[J]. Rampart, April, 1969: 9.

134. Susan Sontag. Style of Radical Will[M]. New York: Farrar, Straus & Giroux, 1969.

135. Susan Sontag. The Benefactor[M]. New York: Farrar, Straus & Giroux, 1963.

136. Susan Sontag. The Way We Live Now[M]. The New York, November 24, 1986.

137. Susan Sontag. Under the Sign of Saturn[M]. New York: Farrar, Straus& Giroux, 1980.

138. Susan Sontag. Where the Stress Falls[M]. New York: Picador, 2002.